天姥乡味

◎吕美萍　章祖民　主编

中国农业科学技术出版社

图书在版编目（CIP）数据

天姥乡味 / 吕美萍，章祖民主编 . -- 北京：中国农业科学技术出版社，2021.11
乡村振兴之乡村人才培育教材
ISBN 978-7-5116-5556-1

Ⅰ.①天… Ⅱ.①吕… ②章… Ⅲ.①饮食－文化－新昌县－教材 Ⅳ.① TS971.202.554

中国版本图书馆 CIP 数据核字（2021）第 212049 号

责任编辑 崔改泵　马维玲
责任校对 贾海霞
责任印制 姜义伟　王思文

出版发行 中国农业科学技术出版社
　　　　　北京市中关村南大街 12 号　邮编：100081
电　　话 （010）82109194（编辑室）　　（010）82109702（发行部）
　　　　　（010）82109702（读者服务部）
传　　真 （010）82109194
网　　址 http:// www. CASTP. cn
经 销 者 各地新华书店
印 刷 者 北京科信印刷有限公司
成品尺寸 148 mm×210 mm　1/32
印　　张 4.75
字　　数 120 千字
版　　次 2021 年 11 月第 1 版　2021 年 11 月第 1 次印刷
定　　价 68.00 元

《天姥乡味》
编委会

主　编　吕美萍　　章祖民

副主编　梁锦芳　　杨少英　　俞质良

编　者　吕美萍　　章祖民　　梁锦芳

　　　　杨少英　　俞质良　　王伟娜

　　　　杨海英　　林　钗　　吕春丽

　　　　丁锦霞　　白家赫　　袁海艳

　　　　吕晓晓　　陈　悦　　石叶忠

　　　　吴必红　　张伟金　　章凯雯

　　　　张晓晓　　吕文君　　李　彤

　　　　徐钦辉　　杨琼琼　　潘一峰

　　　　关　群

编写顾问　章　俊　　丁柏元　　俞　勇

　　　　俞志仁

前　言

　　新昌县，隶属浙江省绍兴市，地处山区，自古就有"八山半水分半田"的说法，境内拥有一座天姥山，不但成就了一条"浙东唐诗之路"，更是中国文化史上的一座"圣山"、一座"圣殿"，由此新昌拥有"一座天姥山、半部《全唐诗》"的美誉。新昌当地小吃有江南小吃品种多、技艺精、造型巧和口味全等特点，兼有山区特色，充分发挥了江南食品资源丰富的优势。经过数百年的传承，形成了具有地方特色的乡味。这些乡味在新昌历史悠久，通过民间口口相传、手手相传，在老百姓心中占有一定的地位，称得上"有故事的小吃"——记忆中的乡愁、舌尖上的美味。本书结合新昌天姥山文化、介绍新昌百年小吃、新昌地方特色农味，望能继续将天姥乡味代代相传并发扬光大，对新昌县振兴乡村经济和旅游产业带来更好的推介和宣传。

　　本书共三章，分别为"新昌小吃""天姥农味""石城风味"。新昌小吃介绍以年糕、榨面、春饼、镬拉头、芋饺等为代表的小吃。天姥农味介绍新昌茶叶、新昌石斑鱼、小京生、迷你小番薯、牛心柿等农副产品。石城风味介绍蛋卷、米海茶、同兴糕点、玉米饼等地域风味。本书涵盖这些乡味的由来、特点、制作方法和技术等，对天姥乡味有较好的宣传作用，对振兴乡村经济及宣传新昌风味具有一定的意义。

本书编写过程中得到了新昌县农业农村局、新昌县教育体育局、新昌县供销社、新昌县农民专业合作经济组织联合会、新昌我行我宿文化发展有限公司的大力支持，在此一并表示感谢！

由于时间仓促，加之编者水平有限，书中如有不当之处，敬请读者批评指正。

编　者

2021 年 8 月

主 编 简 介

　　吕美萍，1976 年出生，中共党员，现任浙江广播电视大学新昌学院院长，高级教师，副研究员，国家一级茶艺师高级技师、国家一级评茶员高级技师、国家二级心理咨询师、二级救护培训师。全省电大系统"吕美萍茶文化传承名师工作室"负责人，省级成人教育品牌、省级社区教育优秀工作品牌、省级非学历教育品牌"大佛茶艺"项目负责人。

　　长期从事成人教育和老年教育工作。多篇论文在省级及以上刊物发表，主编《新昌小吃》，参编《少儿茶艺考级教材》《农家乐经营与管理》《农业培训实务指导》等。组织开展新昌小吃、家政服务、茶艺、电商等技能培训，主讲"茶艺基础知识""茶的冲泡技艺"等课程。策划、组织、协办多场省级、市级、县级茶艺师职业技能竞赛等赛事。辅导大批学员，其中不乏荣获国家级金奖、银奖等奖项的优秀学员。

　　多年的培训指导服务，赢得了学员的喜爱、上级的认可和社会的赞誉，先后获得国家开放大学师德先进个人、中国中青年社区教育教学新秀、中华茶文化传播优秀工作者、省级百姓学习之星、全省电大系统先进教育工作者、市级志愿服务先进个人、市级成人教育先进个人、县模范职工、县优秀校长、县先进教育工作者、县优秀党员等多项荣誉称号。

章祖民，1968 年出生，中共党员，现任浙江省新昌县农业农村信息化中心主任（浙江省农广校新昌分校校长），高级经济师，高级农艺师，会计师。浙江省农民教育培训智库专家团成员、第一批省级乡村振兴实践指导师、绍兴市科技专家库专家、绍兴市"双强行动"专家库专家、嘉兴市拔尖人才评审委员会专家、县乡村振兴服务团成员。

长期扎根基层从事农民教育培训、农民素质提升和农业技术推广工作。以副主编身份参与浙江省新型职业农民培训系列教材之《农家乐经营与管理》编写，同时参编《农村信息员》《互联网＋农业》《农业培训实务指导》等教材，多篇论文在省级及以上刊物发表。年组织开展高素质农民、农村实用人才、职业技能、农民中职等教育及培训近 8 千人次，全面提升了农民的学历水平和素质技能。带头主讲"农村常用法律法规""农产品市场营销""乡村振兴"等课程。各项工作成效居全省乃至全国的前列，高素质农民培育、农民中职教育等多项新昌经验和模式多次在全省及全国开展典型交流和推介，新昌县因此连续多年被列为全国新型职业农民培育试点县和示范县、全国农技体系改革与建设试点县和示范县，全省 30 多个县市慕名前来学习和交流。

多年的培训指导服务，赢得了学员的喜爱、上级的认可和社会的赞誉，先后获得全国最美农广人先进人物、中华农业科教基金会神内奖、全国农广系统信息宣传先进个人、省农技推广贡献奖、省农技推广先进工作者、省农广系统先进工作者、县乡村振兴优秀个人、县"十佳"农技新秀等殊荣。通过持续不断的培训和培育，涌现出一大批"爱农业、懂技术、善经营、会管理"的高素质农民，为现代农业的高质量发展增添了力量，助推了乡村振兴的全面实施。

目　录

天姥乡味

| 第一章 |

新昌小吃

第一节　难以忘怀的家乡滋味——炒年糕

有的食材，天生就带着一种淡淡的家乡味道。对于很多新昌人来说，年糕便是这种食材最为典型的代表之一，新昌炒年糕就是新昌常见的一种让人难以忘怀的家乡滋味（图1.1）。

图1.1　新昌炒年糕

早在明清时期，年糕就已发展成一种常年供应的小吃，并有南北风味之别。

"朝出新昌邑，青山便不群。春浓千树合，烟淡一村分。溪水好拦路，板桥时渡云。仆夫呼不应，碓响乱纷纷。"这首诗生动地描述了清代美食家袁枚途经新昌城外时，家家户户热闹繁忙碾米制作年糕的场景。

一、制作工艺

新昌年糕多用粳米做原料，粳米滋阴补肾，健脾暖肝，富含蛋白质、多种维生素，营养价值高。

年糕最迷人的莫过于刚打出来热乎的那一口，温糯有嚼劲，不需要多余的配料或烹饪，也是食物最本真的味道。

制作年糕，先磨米粉，后猛火蒸熟，再或夯（捣）或榨，制作期间米香四溢。成品经天天用水浸泡，可以历时3～4个月依然保持醇厚米香。

年糕的制作方式，除了用榔头打，还可以用机器"榨"，目前，新昌年糕已经实现了流水线生产，即使人在他乡也可品尝到家乡的美味（图1.2，图1.3）。

图1.2　新昌年糕现代化制作加工

图1.3　新昌年糕成品

二、烹饪方法

新昌年糕质地相较其他年糕更为细密，韧性足，不管是烤着吃还是炒着吃，都各有风味，而各种做法中，又以炒年糕最为常见。

新昌年糕由于多用晚稻粳米做原料，质地相较其他年糕更为细密，韧性足，煎、炸、炒、烤、汤，5种做法各有风味，其中汤年糕为最佳。

汤年糕　新昌年糕，不容易入味，单炒后味道浮裹在年糕上，不易交融在一起。汤年糕可以清汤煮，或在炒软后加水煮；年糕经煮后能吸收汤汁，并且其自身不化入汤中，使汤也清爽而不黏糊，更能突出其自身特点，也可使味道更为交融且不失层次。

下面介绍几款代表性炒年糕制作方法。

（一）豆腐肉丝炒年糕

1. 主料

粳米年糕。

2. 辅料

瘦肉丝、雪菜、豆腐、五花肉、鸡蛋、青大蒜叶。

3. 调料

料酒、盐、鸡精。

4. 准备

将年糕切丝，雪菜切粒，瘦肉切丝，五花肉切丝，鸡蛋加盐、料酒，打散煎成蛋皮并切丝，豆腐切小块，青大蒜叶切小段，备用。

5. 制作

热锅，放入适量油，放入五花肉丝炒至金黄色，放入年糕丝炒至微黄，加雪菜、瘦肉丝同炒，加入料酒、水烧开，放入豆腐烧至汤浓稠，放上蒜叶，烧开即可出锅。

（二）雪菜肉丝冬笋炒年糕

1. 主料

粳米年糕。

2. 辅料

雪菜、里脊肉、冬笋、豆腐、五花肉、鸡蛋、葱。

3. 调料

猪油、盐、料酒、鸡精、猪油。

4. 准备

将年糕切成 0.2 厘米左右的均匀条状，雪菜切小段，里脊肉切丝，冬笋去壳先用水煮熟过凉切丝，五花肉去皮切小条。鸡蛋加少许盐、酒打散，放平底锅煎成鸡蛋皮，切成细丝。葱切小段待用。

5. 制作

热锅，放猪油加热放五花肉条炒至金黄色，放入年糕丝（放少许盐）一起炒至微黄，放雪菜、冬笋丝同炒，淋少许料酒，加水（基本上没过年糕）放入豆腐一起煮。将里脊肉丝加一点料酒、盐腌制，备用。等汤水浓稠，放入腌好的里脊丝划散，放葱段、蛋丝即可出锅装盘。

> **温馨提示：**雪菜一般都比较咸，因此要在炒制年糕丝的时候正确调味，不然口感会偏咸。

（三）草子糟肉冬笋炒年糕

1. 主料
粳米年糕。

2. 辅料
草子、糟肉、五花肉、冬笋。

3. 调料
猪油、盐、料酒、鸡精。

4. 准备
将年糕切丝，草子切小段，糟肉切小条，冬笋去壳先用水煮熟过凉切丝，五花肉去皮切小条，备用。

5. 制作
热锅，放少许油，再放入五花肉翻炒至金黄色并熬出油，再放入年糕丝，加少许盐、料酒炒至微黄，再加适量水，放入糟肉烧至汤水浓稠，再放入草子翻拌至草子粘在年糕上，待草子成熟后加入少量鸡精，即可出锅装盘。

温馨提示：草子必须在年糕汤汁即将收浓时放入，不然草子容易发黄影响口感色泽。

（四）萝卜丝肉丝炒年糕

1. 主料

粳米年糕。

2. 辅料

萝卜、五花肉、里脊肉、大蒜叶。

3. 调料

猪油、盐、酱油、料酒、鸡精。

4. 准备

将年糕切丝，萝卜用萝卜丝刨刨成粗丝，五花肉切粗丝，里脊肉切丝，青大蒜切段，备用。

5. 制作

热锅，放入适量猪油，放五花肉丝炒至微黄色，放入萝卜丝翻炒，加少许料酒、酱油、鸡精烧至入味，盛出；热锅放油，放入年糕丝炒至微黄，加料酒、酱油、盐、水，放入炒好的萝卜丝同烧，将汤水收至浓稠后放鸡精、青蒜叶段翻拌均匀，即可出锅。

温馨提示：萝卜丝不能与年糕丝同炒，萝卜含大量水分，如果与年糕同炒，年糕丝不容易炒干炒出香味。

（五）大白菜肉丝冬笋炒年糕

1. 主料

粳米年糕。

2. 辅料

大白菜、里脊肉、冬笋、五花肉。

3. 调料

猪油、盐、酱油、鸡精、料酒、猪油。

4. 准备

将年糕切丝，大白菜切丝，冬笋去壳先用水煮熟过凉切丝，五花肉切小条，备用。

5. 制作

热锅，放入适量猪油，放入五花肉炒至微黄，放入年糕丝、少许盐翻炒；至微黄加入冬笋丝、大白菜丝一起翻炒，加料酒、少许酱油、加水烧开；至汤水浓稠，放入用料酒、酱油腌制的里脊肉丝划散，加少许鸡精，拌匀出锅。

> **温馨提示**：大白菜不能烧太长时间，煮太烂影响口感。

（六）芹菜肉丝冬笋炒年糕

1. 主料

粳米年糕。

2. 辅料

芹菜、里脊肉、冬笋、五花肉。

3. 调料

盐、料酒、鸡精、猪油。

4. 准备

将芹菜洗净切段，里脊肉切丝，冬笋去壳先用水煮熟过凉切丝，五花肉切丝，备用。

5. 制作

热锅，放适量猪油，放五花肉炒至微黄，香味出来后放入新昌年糕丝炒至微黄，放入冬笋丝、少许盐、料酒翻炒，加水烧开至汤水浓稠。另起锅放入油，下芹菜，放入用料酒、酱油腌制的里脊肉丝翻炒片刻，再放入炒好的年糕丝一起翻炒均匀，即可出锅。

温馨提示： 芹菜不能与年糕同炒，烧制时间过长芹菜发黄影响色泽。

（七）梅干菜肉末炒年糕

1. **主料**

粳米年糕。

2. **辅料**

梅干菜、里脊肉、五花肉。

3. **调料**

料酒、酱油、鸡精、糖、猪油。

4. **准备**

将年糕切丝，里脊肉切丝，五花肉切丝，备用。

5. **梅干菜制作**

梅干菜用水洗去泥沙，剁成末。热锅，放适量猪油，下梅干菜加糖炒至酥香，盛在容器中放蒸笼蒸至酥烂。

6. **制作**

热锅，放入适量猪油，放入五花肉丝炒至微黄，放入年糕丝加少许盐炒至微黄，加料酒、少许酱油、糖翻炒，加入水烧至汤水浓稠后，放入用料酒、酱油腌制的里脊肉丝划散，再加入蒸好的梅干菜翻拌均匀，即可出锅。

温馨提示： 由于梅干菜有咸味，所以在年糕调味的时候要适当淡一点。

（八）筒骨菜梗炖年糕

1. **主料**

粳米年糕。

2. 辅料

猪筒骨、菜梗、腌菜梗、葱、姜。

3. 调料

猪油、酱油、盐、鸡精、料酒。

4. 准备

将年糕切厚片，猪筒骨洗净、斩段敲碎。

5. 制作

将猪筒骨放入高压锅，加适量水、料酒、酱油、葱、姜，炖熟。加入腌菜梗、菜梗、少许猪油一起炖煮，加入年糕片烧至熟，即可出锅。

> **温馨提示**：年糕片不能与筒骨同烧，先煮出筒骨的鲜香味再放入年糕一起烧。

（九）大头菜筒骨炖年糕

1. 主料

粳米年糕。

2. 辅料

猪筒骨、大头菜、腌白菜梗、葱、姜。

3. 调料

猪油、酱油、盐、鸡精、料酒、白糖。

4. 准备

将年糕切厚片，猪筒骨洗净、斩段敲碎。

5. 制作

将猪筒骨放入高压锅，加适量水、料酒、酱油、白糖、葱、姜，炖熟。加入腌白菜梗、大头菜，少许猪油同烧，加入年糕片烧至熟，即可出锅。

温馨提示：大头菜不能煮太烂，要掌控好年糕与大头菜的成熟时间。

（十）青菜肉丝炒年糕

1. 主料

粳米年糕。

2. 辅料

青菜或者青菜蕻（hóng）、里脊肉、五花肉。

3. 调料

盐、料酒、猪油、酱油、鸡精。

4. 准备

将年糕切丝，青菜切段，五花肉切粗丝，里脊肉切丝，备用。

5. 制作

热锅，放入适量猪油，放入五花肉丝炒至微黄，放入年糕丝，加少许盐炒至微黄，加料酒、盐（也可以放少许酱油）、水，烧开至汤水浓稠；另起锅，放适量猪油，放入青菜加盐略炒，放入已经收浓汤汁的年糕中翻拌均匀，即可出锅。

注：年糕与青菜要分开炒制，要保持青菜的绿色、年糕的滑糯。

（十一）馄饨汤年糕

1. 主料

新昌年糕、面粉。

2. 辅料

小青菜芯、黄芽菜或者其他绿色菜、鸭蛋（最好用鹅蛋）、全精肉末、虾仁。

3. 调料

盐、鸡精、猪油。

4. 准备

将年糕切薄片；面粉加少许盐、鸭蛋加少许水，制成馄饨皮，包上拌好味的全精肉末，加入一颗大小适中的虾仁，捏成馄饨，备用。

5. 制作

锅放入适量水，烧开，放入切好的年糕片略煮，加上绿色蔬菜，放入馄饨略煮、用盐、少许鸡精、猪油调味即可出锅。

> **温馨提示：**年糕必须要买糯性好，制作馄饨皮的面粉里加鸭蛋或者鹅蛋，这样的馄饨烧久不烂。虾仁能增加馅的鲜香味，汤最好能用高汤。

（十二）芋饺汤年糕

1. 主料

新昌年糕（添加糯米做的新昌年糕比较软糯）。

2. 辅料

芋艿、全精肉末、番薯粉、时蔬。

3. 调料

盐、酱油、猪油、鸡精、料酒、麻油。

4. 准备

将新昌年糕切薄片；芋艿煮熟，将番薯粉用擀面杖擀细加入刚刚出锅的芋艿揉成芋饺面团；全精肉末加酱油、料酒、盐、鸡精、油、麻油搅拌均匀成芋饺馅。

5. 制作

芋饺皮捏成厚薄均匀的圆形面皮，放入适量拌好的全精肉馅，将皮子捏成三角形，依次做好所有芋饺。

6. 煮熟

锅放入清水（最好用高汤）烧开，放入年糕片煮片刻然后放入做好的芋饺，煮至浮在汤面上放入时蔬、调味品，即可出锅。

温馨提示：必须选用较软糯的年糕，时蔬在即将成熟时加进，保持原有鲜亮的色泽。

（十三）榨面汤年糕

1. 主料

粳米年糕、新昌榨面。

2. 辅料

时蔬。

3. 调料

盐、鸡精、猪油。

4. 制作

年糕切片，锅放入清水（最好用高汤），烧开先放入年糕片烧煮片刻，再放入新昌榨面，然后放入时蔬、调味品，放一点猪油即可出锅。

温馨提示：榨面不能煮太久，时蔬需在即将出锅前加入，保持原有鲜亮的色泽。

（十四）桂花年糕

1. 主料

新昌年糕（选用比较软糯的年糕）。

2. 调料

白糖、桂花、蜂蜜。

3. 制作

将新昌年糕切条备用。热锅后放少许油，放入年糕煎至微黄盛出，再放适量油在锅里，加两勺白糖，中火炒到微微发黄，成焦糖色。加一勺糖桂花下去炒匀（糖桂花也可以在最后再放，最好能把桂花的香味充分融入年糕里），把煎好的年糕放进去，加小半碗开水翻拌均匀，盖上锅盖焖一会，中途翻两次。待汤汁收得比较浓稠时关火，即可出锅。

（十五）红糖蘸年糕

1. 主料

传统粳米年糕（宕糕），用传统工艺制作，圆形的一大块，叫作一曰，可对切分成四块，称为方，这种年糕比较松软、香糯。

2. 辅料

红糖。

3. 制作

将年糕切厚片，放蒸锅蒸至软糯，出锅装盘，配上红糖蘸着吃。

温馨提示： 宕糕比较松软，味香，蘸着红糖吃香甜可口，也可沾霉豆腐酱吃，另有一番味道。

（十六）鸡蛋烤年糕

1. 主料

粳米年糕。

2. 辅料

鸡蛋、葱、熟芝麻。

3. 调料

酱油、盐、鸡精、猪油。

4. 准备

将年糕切丝（不能太细），鸡蛋打散、葱切末，备用。

5. 制作

热锅，放入适量猪油，放入年糕丝炒至微黄，加料酒、酱油翻炒，淋上打散的鸡蛋液翻锅，让鸡蛋液充分均匀地包裹在年糕丝外面，撒上些许熟芝麻、葱末，翻拌均匀即可出锅。

以上 16 种炒年糕制作方法都有自己格局特色的主料、辅料、调料及制作方法（图 1.4），经过制作方式可以看到如图样的具有代表性的汤年糕之一（图 1.5）。

图 1.4　炒年糕制作主料及辅料　　　　　图 1.5　汤年糕

三、特殊寓意

目前，新昌年糕已逐渐形成了独特的品牌效应、规模效应和带动效应，成为馈赠亲友的热门礼品和伴手礼。

在新昌人的食谱里，年糕不仅是必不可少的家常主食，更是一道具有"吃年糕，年年高"美好寓意的传统小吃。逢年过节，招待亲朋好友、远归的游子，来一碗热腾腾的"炒年糕"，祝福新的一年里"步步高升""学业有成"。新昌年糕夯制，形状如圆盘，可分四方，有团圆美满之意象；榨制形如砖条状，敦实厚重，有丰衣足食之意象（图 1.6）。

图 1.6　新昌炒年糕 logo

第二节　飞流直下三千尺——榨面

榨面又名米粉干,产于越乡——浙江剡县,据地方志记载,明清时期当地乡民常以榨面作为馈赠佳品,或送之产妇,或赠之长者,或赠之亲友,以示吉祥如意(图 1.7)。

图 1.7　榨面

嵊州、新昌两地,至今仍盛行以鸡蛋榨面招待女婿或宾客的风俗。榨面尤以溪滩村榨面历史最久,口味最纯,声名最盛。此面选用优质大米为原料，采用传统工艺精制而成，不加任何添加剂，成品形似圆盘，细条均匀，烧煮方便，荤素两可，其口感滑爽柔韧，配之以佐料，风味独特。经测定此面既不失大米之主要营养成分，更具瘦身健美之功效，被誉为江南第一面，是当地产妇传统主食，也可以作为长者祝寿的礼品。

对很多新昌人来说，永远吃不腻的就是那碗家乡的榨面。细细的米线千丝万缕，承载了众多新昌人深深的思乡情怀。

一、制作工艺

新昌榨面是精制籼米制作。经洗米、浸润、磨细、压榨、静渗（亦称微发酵）、搅拌、成稞、煮稞、冷却、上榨、成面、煮面、冷浸、分条于竹笠中成圆盘形、避烈日、背风晒干等二十多道工序制作而成。

晒榨面的场景尤为壮观，一张张摊好的榨面晾晒在网架子上，有序排列在一起，白茫茫一大片。待全部晒好后，还要给榨面"整形"，用手轻触每一张榨面，加速榨面晒干，同时使其厚薄均匀，成型美观。

制作好的新昌榨面形似面条，干燥蓬松，透气性好，具有韧而不硬，干而不易碎的特点，是家庭生活常备的优质食品（图1.8至图1.10）。

二、烹饪方法

2019年，新昌榨面入选浙东天姥唐诗宴，并取名为"飞流直下三千尺"。新昌榨面做法多样，不管是汤榨面还是炒榨面，都是独一份的美味（图1.11）。

图 1.8　机器加工榨面　　　　图 1.9　加工成型的湿榨面

图 1.10　加工成饼状的干榨面

图 1.11 "飞流直下三千尺"新昌榨面入选浙东天姥唐诗宴

（一）汤食法

将佐料（如笋干、开洋、青菜或者雪菜、肉丝等）放入沸水中煮 1～2 分钟，然后放入榨面，继续煮约 2 分钟，配上您喜欢的佐料及调料即为美味之汤面。如果家里刚杀了鸡，如果您喜欢的话，还可在放入榨面之前的沸水中浇入一些鸡汤就更美味了（图 1.12）！

图 1.12 汤榨面

（二）炒食法

将榨面用开水泡软，用手拉泡好的榨面能轻松拉断。

将鸡蛋或者鸭蛋煎成蛋皮切成丝，里脊肉切成丝，可以配一些蔬菜丝（白菜丝等）称为料头。

热锅，放油，下切好的肉丝、白菜丝调味同炒，至成熟盛出待用。

洗净锅，放油，放入泡软的榨面炒，一边炒一边调味，炒至色泽红亮，酱香味浓，放入炒好的料头翻炒均匀散一些葱花或者葱段即可（图 1.13）。

图 1.13　炒榨面

三、特殊寓意

招待：新昌榨面在以前是招待重要人物"毛脚女婿"的，里面可大有文章，若榨面下没有藏蛋，那这个女婿就完蛋了，说明丈母娘相不中，如果藏有两个鸡蛋那就扬眉吐气吧（图 1.14）。

图 1.14 鸡蛋榨面

月里羹：新昌农村中还流传着送"月里羹"的习俗，女儿坐月子，娘家人会送去榨面、鸡蛋、豆腐皮（图 1.15）。

图 1.15 "月里羹"榨面

上轿榨面：女儿出嫁当天，娘家人要为即将上轿的女儿做上一碗榨面，称为"上轿榨面"（图1.16）。

图1.16　上轿榨面

长寿面：在过去很少能吃到榨面，只有到了生日时，才会煮上一碗榨面吃，因此榨面在新昌也有长寿面的寓意（图1.17）。

图1.17　长寿榨面

第三节 圆似夜月添新样——春饼

新昌春饼何止清《咏春饼》诗云："圆似夜月添新样，巧学秋云擅薄搽。"据明万历《新昌县志》记载，新昌自梁开平二年（公元 908 年）建立县制以后，人口增长和经济发展都比较快，县城街市形成，商贾云集，相应的饮食摊点、旅馆服务等也相继得到发展，随着社会的需求，它从农家走上街市，穿插于饭店酒家之间。

清代，春饼用白面为外皮，圆薄平匀，内包菜丝，卷成圆筒形，以油炸成黄脆，就是我们俗称的"春卷"，有甜、咸等不同馅心。

春饼，象征一元复始万象更新、吉祥欢乐之意，是新昌特有的传统面食。春饼在新昌方言叫"饼筒"，两张称一叠，满六张叫"一大"（图 1.18，图 1.19）。

图 1.18 春饼

图 1.19 鸡蛋春饼

一、制作工艺

春饼的做法很别致。500 克面粉可制作 60～70 张春饼。用一只平锅（鏊盘），在炉子上烤热，再用手摘取一团面团，在灼热的锅面上抹一个实圈。稍烘片刻，就能揭下一张薄如纸张、白中透黄、酥脆香美的春饼。吃时卷上油饺、油豆腐、臭豆腐，就独具一番风味了。具体制作如下。

1. 用料

高筋粉 300 克、盐 1 克（按此比例调配）。

2. 和面

水分次加入，先搅拌成棉絮状。盛一碗冷水。"蘸水按压"，用手指蘸水、按压面团，再用手指蘸水、按压面团，如此往复，直到面团变得更稀、更有筋为止。要和得稠稀适度，太稠制作出来的春饼易碎，太稀制作时易粘手，且春饼较厚。

3. "泡水醒面法"

倒入冷水遮住面团，醒发 1 小时，醒发完成，倒去上面的水。

4. 摔面

用手稍微揉一下面团，抓起面团，面团往下掉，进行摔面，即将面团抓在手心内，使面团往下掉，再使面团摔到手心内，又使面团往下掉。重复来回摔面团，直到面团越来越上筋（图 1.20）。

5. 手法

面团上筋后，开小火，放不粘平底锅，开始"一抹"（顺时针转一圈）。立刻"一拉"，随即"一蘸"，蘸去多余面糊。见没有湿面时，很快用手拿起春卷皮。记住哦：制作春饼的火候要合适，不能太旺，春饼本来就较薄，火太旺易糊，也不能太文，火太文制作出来的春饼口感不好，不脆（图 1.21）。

图 1.20 稠稀适度的面团

图 1.21 制作春饼的手法

二、食用方法

新昌春饼是浙江新昌县有名的传统风味小吃。新昌春饼形如圆月，薄如纸张。白中透黄，略带微咸，酥脆香美，再买一根油条或一块油炸豆腐，卷起来送入口中，既酥松又喷香，别具风味（图1.22）。

图 1.22 油炸豆腐卷春饼

还可以炒一些小菜，如马兰头、豆腐干等，裹在春饼内，叫马兰头春饼，这是一道有名的点心（图1.23）。

图 1.23　马兰头春饼

　　春饼除了用来作点心外，还可以做菜。将带鲜肉馅或葱馅的小卷春饼，放在油锅里一汆，即成为色泽金黄、香脆可口的春卷、是上得宴席的名菜。新昌春饼因其加工火候到门，不易损坏而可作干粮携带（图 1.24）。

图 1.24　油炸小春卷

三、蕴含寓意

新昌人爱吃春饼，因其方便、味美，也因其蕴含团圆之意。春饼可久藏2～3个月不变质。新昌旧俗，外出的人，以春饼寄托乡情，一旦收到家乡的春饼，就明白亲人在思念自己。

走进新昌，可以在热闹的街边看到摆着一些零星的春饼小摊，可以选择您喜欢的猪头肉卷春饼、油炸豆腐卷春饼、鸡蛋香肠卷春饼、茶叶蛋卷春饼等各种口味，真正体味街边小吃、乡里乡亲的温暖（图1.25）。

图 1.25　街边春饼小摊

除此之外，春饼还有着特殊的作用。旧时逢年过节，一般宗祠或普通人家祭祀祖先，春饼是供桌上不可或缺的供品。春饼在供桌上摆放上也十分讲究，一定要把它折四折，搁在碗上，恭恭敬敬地放在酒菜旁边，这种风俗至今犹存。

第四节　晶莹剔透爽滑柔韧——芋饺

新昌芋饺相传已有几百年历史，在清朝乾隆年间，就已成为农民的佐餐食品。据说，芋饺是南迁的北方人发明的。他们因地制宜，将新昌本地的特产芋艿和番薯，用北方人包饺子的做法和吃法，创造性地发明了这个小吃。单独吃芋子和番薯粉，味道都一般般；但当芋子和番薯粉揉在一起时，便诞生了一道美味。在过去，家里来了客人，煮上一碗芋饺招待，算是相当讲究的"礼遇"（图 1.26）。

图 1.26　芋饺

新昌人特别喜欢吃芋饺，把它当成早餐的当家食品。在菜市场，可以看见老婆婆们三步一岗、五步一哨地一字排开，坐在菜摊旁，闷声不响地埋头包芋饺。她们从粗瓷碗里取出指头大的芋饺面，用手捏成薄薄的小圆饼，裹进肉馅，捏成菱状的小饺子，然后放在平底筛子里。她们不停地捏呀捏，包呀包，筛子里似乎永远放不满，因为刚刚一包好，立马就有人买走了。

一、制作方法

芋饺，顾名思义，制作过程中要用到芋艿，新昌人做芋饺用的是芋子，因为芋子的肉质比芋头更为细腻、软糯、嫩滑，有黏性，而芋头相对而言显得较为粗糙。用芋子做出来的饺皮香滑弹牙，还可以滴水不漏、完好地隔绝煮芋饺的汤汁，更加凸显出肉馅的鲜美。

芋饺的做法很奇特。不必用擀面杖，全是用手捏成，比包饺子简便得多。具体做法是：把芋子去皮，然后蒸或煮熟。熟芋子像橡皮泥一样极具可塑性，和进番薯粉，想怎么捏就可以怎么捏，想捏成什么形状，就可以捏成什么形状。

食材明细：芋艿或芋头5个，薯粉200克（适量），猪肉250克，韭菜或葱适量，盐10克，味精5克。

具体制作方法如下。

用5个芋艿，大概可以做70个芋饺。

把每个芋艿从中间切开，放到锅里蒸熟。

把蒸熟的芋艿剥去皮，等稍稍凉点后，加入红薯粉，调成面团。一边慢慢地揉，一边轻轻地挤压，直到皮子变得柔软滋润，晶莹剔透。

把猪肉加入适量盐后剁碎，加入切好的葱或韭菜（按个人喜好），放点味精，淋点香油。

这会儿就可以准备包芋饺了。

先用手揪下一小团面，搓圆，然后压扁，再捏成比饺子小的圆片，放入肉馅，再包成三角形（注意中间不要捏死，要留点空隙，这样更入味）。

然后下锅煮，跟饺子一样，要淋2～3次水，等芋饺浮出水面，周身呈半透明色，就差不多了，再放点紫菜和葱，就成了。

做好的芋饺，如下图所示（图1.27）。

图1.27　做好的生芋饺

二、烹饪方法

传统的吃芋饺，就是直接把它放进锅里煮一下，不久之后，一碗晶莹剔透、香气扑鼻的佳肴就"新鲜出炉"了，尝一尝，既糯又柔，滑溜可口，一吃进口中，感觉就要滑到肚子里，建议要连汤一起吃哦。因为芋饺皮的特殊做法，整只芋饺显得细腻糯滑，还非常耐煮耐存放，要是前一天煮熟的芋饺吃不完，放到第二天，吃起来也仍然爽滑柔韧，柔韧有余。

不光是煮着吃，新昌人吃芋饺还有煎、炸、烤等方法，这样做出来的芋饺外酥内滑，甘香适口，令人垂涎三尺。芋饺可以当主食吃，也可以当佐菜、当点心吃。过年期间，桌上绝大多数菜肴都比较油腻，一盘相对清淡的芋饺真是让人胃口大开（图 1.28，图 1.29）。

图 1.28 蒸芋饺

图 1.29 烤芋饺

三、相关典故

芋饺也称"枷鞑仔""嘎拉泽"，发源于福建建瓯并盛行于建瓯北部乡镇，主要是东游、水源、川石等地。

关于"嘎拉泽"的来历有许多传说，一种认为始于元代，那时候蒙古兵进犯中原，侵入福建，建瓯人民极为痛恨蒙古兵的烧、杀、抢、掠，于是用芋子和地瓜粉等原料包上肉馅，做成三角形状的饺子命名为"枷鞑仔"（音"嘎拉泽"）（那时候对蒙古兵蔑称"鞑仔"），并下锅煮食，以泄痛恨，不想美味异常，并不断加以改进，逐成今日之芋饺（"嘎拉泽"）。按此计算芋饺已经诞生约有700年的历史了。

另外一种说法，始于清初，建宁府城（今建瓯）遭受清军一次野蛮屠城，住在城里面的富人纷纷跑到乡下寄居穷亲戚家里，乡下穷亲戚突然间接待这许多客人，一时拿不出好菜来，匆促间只好将芋子煮烂，调进地瓜粉，弄成饺皮，而后将家里现成的瘦肉剁碎包入，捏成三角状，放锅内煮熟捞出盛起，浇上麻油酱油，洒上葱花姜末，淋上家酿红酒。富人们正是难得饥饿之时，尝此美味连声称好，问："此菜何名？"穷亲戚如何知道此菜名称，心想，若不是清兵打来，你们如何会遭难？这鞑虏着实可恶。灵机一动，菜名脱口而出，这就叫"枷鞑仔"。

芋饺的诞生与异族入侵有关，无论是蒙古人，还是满人在当时都是侵略地方的异族，所以人们为了表达痛恨之情将其命名为"枷鞑仔"。芋饺在饺类当中最为独特，其三角形状在饺类中罕见。

在东游等地逢年过节必家家户户吃芋饺，由于馅需要使用鲜猪瘦肉，导致乡下猪瘦肉比城市要贵，由此可见当地吃芋饺之风盛行，与北方人喜欢吃面粉做的水饺相反，这里的人民几乎很少做水饺吃，取而代之的是芋饺，主要原因是原料方便，就地取材，更重要的是芋饺味道独特味美，煮食方便耐煮，不怕煮漏馅，水开放入，盖锅即可，绝对不怕粘锅（图1.30）。

图1.30　新昌芋饺

第五节　一款流芳后世的美食——镬拉头

镬拉头，一听名字就知道它是在锅里做出来的，它是浙江新昌的特产，它在新昌的街上到处都是。新昌的镬拉头名气不小，其实就是一种街头小食，类似于杭州人吃的葱包烩，但外形比葱包烩要大得多，作料也多。有意思的是，当地和镬拉头搭配的有专门的青菜汤，坐着边吃边喝，颇有一种行走江湖的味道（图1.31）。

说起来，这小吃后面，有一个有趣的故事。相传，清末本县乡下有两个书生到城里读书，未料带的盘缠不够，不几日就花得只剩几枚铜钱了。靠着几枚铜板如何打发往后的日子呢，旧时交通不便，叫家里人送钱来又远水不解近渴，于是其中一个书生想到家里母亲做面饼的方法，就在路边摆了一个小吃摊，借来几张条凳，一张方桌，买些米粉和蔬菜，将南瓜和萝卜等切成丝炒熟了，卷起来出售。城里人没吃过这种小吃，一品尝，觉得味道好极了，而且价钱又便宜，于是生意大好，后来就流传开来，成了新昌一款名小吃。小吃的妙处也许就在这里吧，很多无心的做法，一不小心就成就了一款流芳后世的美食，滋养着后辈那些或富足或艰涩的岁月。

图1.31　镬拉头

一、制作方法

镬拉头，形如厚实的春饼，但厚为春饼的三、四倍，系在镬底拉成。制作方法是在白面粉中加入精盐、熟油等配料，加水，调成糊状，过半个小时，用手撮一粉团，在烧红的大铁锅中画一个"大圆"，烤熟即成酥松面食——镬拉头。

1. 原料

面粉适量，准备各种小菜，如南瓜丝、土豆丝、香干肉丝、红烧肉、蒜泥、苦麻，等等。

2. 准备

面粉中加适量盐。加水搅拌均匀成面糊，醒2个小时待用，将面糊打上劲（图 1.32，图 1.33）。

3. 制作

锅中放少许油，擦开（不能太多），用锅铲将面糊擦开成一个圆饼状，边上微微翘起，看上去没有白点即成熟（图 1.34，图 1.35）。

4. 品尝

镬拉头卷上炒好的各种小菜即可食用。

图 1.32　加水搅拌均匀成面糊

图 1.33　面糊打成劲

图 1.34　用锅铲将面糊擦开呈圆饼状

图 1.35　圆饼状镬拉头

二、食用方法

1. 鸡蛋馅饼

鸡蛋打在镬拉头上，干脆酥松，切成一小段，入口香脆松软合适，是一道难以忘怀的美食（图 1.36，图 1.37）。

图 1.36　鸡蛋馅饼　　　　　　　　图 1.37　鸡蛋镬拉头切成形

2. 货头馅饼

用镬拉头裹以马兰头、马铃薯等山野土菜，以及鸡蛋鸭蛋，或裹以红烧肉、油条，那更具一番风味（图 1.38 至图 1.41）。

图 1.38　用来裹镬拉头的红烧肉　　图 1.39　将红烧肉切成小块裹入镬拉头

图 1.40　裹有红烧肉的镬拉头　　　图 1.41　裹有油条的镬拉头

第六节　最具特色的端午风俗——汤包

端午吃汤包，是新昌特具异彩的风俗。说起来，还是明代何鉴（1442—1522 年）尚书为民办实事留下的遗风。

相传明代弘治年间，新昌连年大灾，饥民遍野。何鉴尚书正因母丧丁忧在家，为此奏请圣上开仓赈济。皇上派出钦差到新昌察访，时间恰巧就在端午节。

因而至今还流传着"吃过端午粽，还要冻三冻"的谚语。钦差选在农历五月初到新昌，显然是冲着端午粽而来，想从一只粽子看灾情。这自然没有瞒过何尚书。按何尚书的想法，端午是民间的重要节日，不能因受灾而不过，也不能让端午粽叫钦差抓着把柄而不开仓赈灾。他想了一天一夜，终于想出一个办法：如今新麦已经收获，何不来个"麦出不吃米"，以汤包（即馄饨，新昌方言称为汤包，下同）代替粽子呢？汤包这种小吃，其味鲜美，不失为节日食品；兼而喝汤，灾情自现，可谓两全其美。第二天，他到县衙找到知县。知县也在为赈灾和钦差端午察访事犯愁。听何尚书一说，连声"好好好……"。于是，由县官和何尚书分别派人通知乡民："灾年过端午，不吃干来只喝汤，不包粽子吃汤包。"

县官和尚书公吩咐下来，有谁不依呢？端午那天，果然没有一家包粽子，家家裹起汤包来了。至于汤包馅子，真是五花八门。买得起肉的自然裹鲜肉汤包。买不起肉的，买点蒲瓜、豆腐干、葱头等，切成细末，用油一炒，芡上山粉，美其名为素汤包。倘若加上一些肉末，就称为荤素汤包。家有现成菜干、笋干，又别出心裁地做出菜干汤包、笋干汤包。真是名目繁多，风味别异。何尚书还联络乡贤，开私仓施麦粉以济灾民，一个大灾之年的端午节，倒也过得别有一番风情。

钦差大臣果然在端午那天到新昌，微服察访，只见家家户户都在喝汤，竟见不到一只粽子。悄悄来到尚书府，何尚书一家老小也在喝汤。这位钦差立即返回京都，启奏皇上说：五月端午节，天下都吃粽，唯独新昌县，不见粽子影。就连尚书府，一家尽喝汤。皇上一听，二话不说，就下旨开仓放粮，赈济灾民，还额外免了新昌三年钱粮。

此后，新昌百姓为不忘何尚书为民请赈济办实事的恩德，端午节吃汤包就一直沿袭下来，以至成为一个独异的风俗。除了水里煮的汤包外，还花样翻新出蒸汤包、油沸汤包等新品种，汤包馅子也更加丰富了（图1.42）。

图1.42　汤包

一、制作方法

1. 和面

将面粉加少许碱，加水和成面团。要稍硬些。

2. 准备

放压面机压成薄皮，经多次压制后面皮韧性增强，在片与片之间拍一点干粉。将薄片重叠，用刀切成 5 厘米的方片。

3. 原料

将肉斩成末，加料酒、酱油、味精，搅上劲。加葱花拌均匀。

4. 制作

汤包皮子放上肉末馅。将皮子对折，再对折。将折后的两个边角拉拢，蘸一点水粘在一起即成。

已包好的汤包皮薄还能见到透出的鲜肉的颜色（图 1.43）。

图 1.43　包好的汤包

二、食用方法

蒸汤包：在薄薄的皮子上卷入葱肉馅、韭菜肉馅、笋干肉馅、豆腐葱头素菜馅等各色各类馅，蒸笼一蒸，乘着热热乎乎一出锅，就沾上美味鲜酱油或者各类酱料，再撒上金黄色的蛋丝、葱花。再配以一碗热热的豆浆，那早餐就能使人心旷神怡（图 1.44）。

图 1.44　蒸汤包

　　烤汤包：汤包皮子薄，馅少，在油锅里烤至金黄色，撒上打散的鸡蛋、葱花，出锅趁热一口口吃，就是脆脆的、香香的（图 1.45）。

图 1.45　烤汤包

　　汤汤包：手工擀制的汤包皮子，有韧劲，皮又薄，往沸腾的开水锅内放入汤包后，只要在水再次沸腾时汤包浮起，立即捞起汤包，在碗内加少许盐、酱油、猪油、葱花、紫菜、榨菜丝等佐料，一碗香喷喷的带汤汤包呈现眼前，能立即勾起食欲（图1.46）。

图1.46　汤汤包

三、非物质文化遗产

汤包是新昌县非物质文化遗产，皮薄透明，肉馅鲜美，手工擀制的皮子薄而均匀，呈透明状，且比较有韧性。肉馅是由新鲜猪肉剔去肥肉和肉筋，手工剁成肉泥，配以葱、盐等制成。汤包因为皮薄，能透过皮子清晰地看到肉的鲜红。一笼热气腾腾又鲜美可口的手工蒸汤包，配上一些葱花，这看似简单朴素的搭配，却包含着新昌人特别熟悉的味道。

第七节　颇有特殊风味的粗粮面食——麦糕

俗名捻藤麦糕，取其形状而名，是新昌的一种特色小吃。以不去除麦麸的黑面加盐加石灰水制成面团做成条状，扭成麻花形蒸熟后食用。此是旧时贫穷之家的食品，但颇有特殊风味（图1.47）。

图 1.47　麦糕

捻藤麦糕按："捻"作"扭"解，"捻藤"就是缠绕的藤，故引申为"黏附、纠缠"的意思。

随着人民生活条件的提高，如今麦糕等粗粮特别受顾客欢迎，往往一出笼就被抢光。

一、制作方法

做麦糕要先将清水倒在石灰块粉里，发过，再将石灰水、盐等按比例倒在麦粉里，并搅拌面粉至絮状，然后将发好的面团在案板上用力揉20分钟左右，揉至表面光滑、手感酥软且有黏性为止，并尽量使面团内部无起泡。揉面是全手工活，需要很大的力道面团才能逐渐光滑。刚开始揉面时，可能会揉得手筋受伤。面团揉好后，用擀面杖将面团碾压开来，要碾得很薄很均匀，这道工艺和做手工面条差不多。之后再用刀切成两根手指那么宽的小条，刚好小蒸笼那么长，拧成螺旋形长条状，齐齐地放在一个大蒸笼里蒸。蒸煮一般20～25分钟后即可食用。蒸煮过程中切忌中途打开蒸笼盖查看，以免笼内热气流出破坏麦糕蒸煮流程。蒸熟后，麦糕的颜色发生了变化，黄澄澄的颜色进一步加深，看上去感觉很厚实很诱人。

具体制作方法如下。

1. 和面

将特级面粉加麦皮粉（比例 8：2）和均匀，加少许盐。

2. 石灰水配比

将石灰用水化开（比例 1：8）。

3. 揉面

将石灰水加入和好的面粉中，面团要稍软，揉透，盖上毛巾醒 10 分钟。

4. 擀面

将醒好的面团用擀面杖擀平，切去多余的边，切成长条状，将切好的条两头向反方向转 2 圈，整齐放蒸笼上蒸 15 分钟即成。

出笼的麦糕有香喷喷的麦香味，又有金黄黄的油润麦色，一看就激起了食欲（图 1.48）。

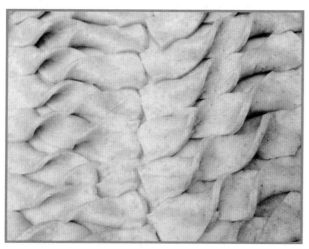

图 1.48　出笼麦糕

二、食用方法

麦糕色泽金黄，柔韧劲道，嚼起来口感很厚实，很香也很充饥。以蜂蜜、蒜泥或腐乳蘸食，味道就更加复杂充盈（图 1.49）。

图 1.49　配以蜂蜜、蒜泥蘸食麦糕

麦糕有一种天然的独特香味，可作农家主食。在网上，许多本地人发帖想念、回忆麦糕那独特的味道，很想重温吃麦糕的感觉，有的人还想学会制作工艺，将传统小吃传承下去，看来传统风味小吃还真是魅力不小。

第八节　"夹"出的玉润柔滑——麦虾汤

因新昌方言中"虾"和"花"同音，新昌麦虾汤又称麦花汤，与"面疙瘩"有些相似（图 1.50）。

记得小时候在农村是经常吃麦花汤，也很喜欢吃。到现在为止来自农村的麦花汤在城里得到了很好的发展，许多麦花汤店的老板基本来自农村，开起了众多小店，凭着多年的勤奋、坚守，有了自己的顾客群，这是许多农村人未想到的，小小的麦花汤解决了一批人的吃饭问题，农村凭此有了谋生之路，一些喜食面食的人有了好去处，使一日三餐多了选择。

图 1.50　麦虾汤

一、制作方法

做麦花汤先要调好粉，将面粉加上适量的番薯粉，再加一点盐，用水搅拌均匀，要薄薄的，使面粉有流动感，这样麦花汤特别韧，柔滑。待锅里的水烧沸后，将调好的面粉用菜刀或筷子沿碗口"夹"下去（其实是把溢出碗的麦花汤粉沿碗沿切下去，农村里都称"夹"麦花汤）。"夹"时如果菜刀用热水烫一下，则菜刀不易粘面粉，"夹"起来容易些。

具体做法如下。

1. 和面

面粉加少量本地番薯粉拌匀，加少许盐。加水搅拌均匀，放半小时，让面粉充分吸水（图 1.51）。

2. 备菜

将小土豆刨去皮切滚刀块，笋干菜清洗干净备用。

3. 拨面

锅放入适量水，放入土豆块与笋干菜烧开，将和好的面糊放碗里，用一根筷子或者刀蘸一下水，将面糊用筷子或者刀一拨一片或者一条拨入锅中，待全部面糊拨好即可调味即成（图1.52）。

注：加一点猪油能增加香味。

图 1.51 面粉加水搅拌均匀

图 1.52 用筷子或者刀一拨一片拨入锅中

二、食用方法

一般在麦花汤里会放些笋丝、青菜或南瓜叶，有时也放土豆，要是放大排或牛肉，这样麦虾汤就更有营养了（图1.53，图1.54）。

图 1.53 加有鸡蛋丝、蘑菇等的麦虾汤

图 1.54 土豆麦虾汤

第九节 甜甜蜜蜜，步步"糕"升——新昌状元糕

在新昌，状元糕是喜庆和吉祥的代名词，结婚、生子、升学，逢年过节，从酒店到寻常人家的宴席上都少不了这道糕点，寓意着吉祥如意，大富大贵，步步登高（图 1.55）。

图 1.55 状元糕

据说，这道特色小吃清朝乾隆年间就开始流传于新昌民间，几百年来，一直都是新昌人舌尖上忘不了的熟悉味道。

相传过去新昌的一个穷秀才，要上京赶考，母亲心疼儿子，舍不得儿子在路上挨饿，特意用糯米粉和芝麻做了一种小糕点，让他带着上路。他到了京城，在殿试中，受到主考官的赞许，最终榜上有名，实现了"志在高科"的夙愿。

他在京城任职后，尤其怀念赶考时母亲为他做的发糕，遂写信问母亲制作过程，叫厨子仿做，果然香甜可口、松脆细软，回味绵长，便进献给皇帝品尝，没想到皇帝吃了龙颜大悦，喜笑颜开，遂命名为"状元糕"。

一、制作工艺

糯米是制作状元糕主料。精选上好的糯米，用清水浸泡半天左右，再细细磨成糯米粉。为了保证糕点的香滑，糯米粉要仔细筛过，将粗的颗粒筛出去。

在制作台放好做状元糕的特制方形蒸架，扣上木制模具，舀了过筛后的米粉倒进模具，用特制的刮片将米粉在模具中铺满刮平。

再拿来字模，用铲刀铲一些淡红色的米粉放在字模上，将字模对好位置，覆盖在刮平的米粉上。用铲刀轻敲字模两下，再拿起字模，雪白的米粉上就留下了一排淡红色的方框图案和"状元糕"等字样。对好模具上的间距，用长尺般的刀片切好块，状元糕就基本做好了（图 1.56）。

将做好的状元糕放入蒸笼，蒸 10 分钟左右打开盖子，随之而来的是状元糕特有的清香味，趁热拈一块放进口中细细品味，软糯不粘牙，口感细滑清爽，大米的清香在唇齿间流连，让人吃了一块还想吃第二块，欲罢不能（图 1.57）。

图 1.56　成形的状元糕

图 1.57　淡红色的方框图案和"状元糕"

如今，在新昌，状元糕除了是一道传统小吃以外，更重要的是它代表着喜庆、吉祥的意义。不管是结婚、升学还是添丁贺寿、新居入伙，都能在宴席上看到它的身影。

小小一块状元糕，不仅传达出了人们对美好生活的期盼与向往，更是寄托了人们的心愿和祝福。

第十节 麦香浓郁，团团圆圆——麦饼

麦饼是浙江省特色传统名点之一，麦饼有甜有咸，甜的以糖和芝麻为馅，咸的内放虾皮、葱花、肉丁、香干，或掺以鸡蛋等为馅，擀成团扇大小状，烙熟即成（图1.58）。

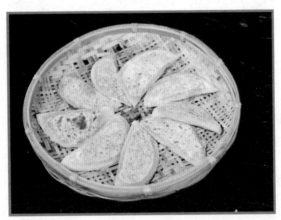

图 1.58　麦饼

在农村，手巧的农妇经常用麦饼招待客人，或在农忙的时候带上几只麦饼去田头干活，当干粮。

在新昌县，人们有做麦饼过大年的习俗。每到大年三十临近，许多人家都会揉好面团，擀出一个个圆圆的"麦饼"，并在热锅上"烤"熟，再炒制一些家常菜卷进麦饼一起吃，家常菜有煮豆腐、炒香干、绿豆芽、五花肉等。

一、制作方法（糖麦饼）

1. 和面团
将富强粉加入 70 ～ 80℃热水和成面团。

2. 制作红糖芝麻馅

将白芝麻炒香，用面杖擀碎加入红糖拌匀（图 1.59）。

3. 制作手法

面团摘成每只 20 克的小团子，擀成薄圆片。将芝麻糖加入中间，提起半边覆在另一边合拢，捏紧重叠的半圆边（图 1.60）。

4. 烙饼

将糖麦饼坯放在平底锅中烙熟至两面微黄即成（图 1.61）。

5. 不同口味

也可根据食客的口味，馅料用咸菜炒冬笋肉丝等代替芝麻红糖。

图 1.59　糖麦饼的馅

图 1.60　将馅包入麦饼内

图 1.61　将麦饼放在平底锅上烙熟

二、麦饼寓意

端午吃麦饼也是新昌的习俗。相传宋朝何鉴是新昌籍高官，那一年端午节前，他养病在新昌，新昌连续几年闹灾荒，他是看在眼里，急在心里。他上奏皇上请求免了新昌的赋税。巧逢皇上端午节派钦差来新昌调查。何鉴以为不能怠慢钦差，又不能款待钦差，毕竟他是皇上派来的人。于是，他就想了一个用麦饼招待钦差的办法……果然，那一年皇上免了新昌的赋税。从此，新昌就有了端午吃麦饼的习俗（图 1.62）。

图 1.62　糖麦饼

现在，在农村，许多人在空闲时或有客人上门或孩子回家时，也会做几个麦饼，大家热热闹闹地吃。

天姥乡味

|第二章|

天姥农味

第一节 一片叶子富了一方百姓——新昌茶叶

新昌种茶历史悠久，1600 年前的东晋时期，新昌即已种茶。在漫漫的历史长河中，与当地佛教相互融合，不断发展，涌现了支遁等一大批禅茶大师。现今，全县茶叶种植总面积 16.8 万亩（1 亩≈667 平方米，全书同），其中生产茶园面积 15.3 万亩，茶业从业人员达 18 万人，占全县总人口的 42%，茶叶收入占农民年总收入的 1/3 以上，是真正的农民增收、农业增效、农村致富的强农产业。新昌茶产业结构完整，发展势头良好，形成了以"大佛龙井"为主导、"天姥红茶"和"天姥云雾"为补充的"一体两翼"飞鸟型的茶叶产业结构，集茶苗繁育、茶树种植、茶叶加工、茶叶交易、茶机制造、包装印刷及茶保鲜、茶文化、茶旅游为一体的完整茶产业链。

新昌濒临东海，属亚热带季风气候，光照充足，雨量充沛，四季分明，总体气温具有"早春回温早，晚秋降温迟"的特点。境内多山谷沟壑，常年云雾缭绕（图 2.1），漫射光充足，有利于茶叶中有益成分的积累，纤维素含量低，芽叶柔软，持嫩性好。新昌大部分茶园海拔在 150～600 米（图 2.2），以天姥山、菩提峰、罗坑山、安顶山、山雪岗和望海岗为代表的高山茶园海拔基本在 600～900 米（图 2.3），土壤类型丰富，非常适宜茶树种植和生长。

图 2.1　新昌茶园云雾缭绕

图 2.2　大明茶园面貌（海拔约 200 米）

图 2.3　望海岗茶园面貌（海拔约 700 米）

优良的自然环境，造就了新昌丰富的茶叶品质，茶产业发展前景广阔。

一、大佛龙井

新昌地处江南茶区，原产珠茶，自 20 世纪 80 年代，开始试制龙井茶，在镜岭镇安山村、新昌县茶叶良种场、回山镇雅里村等多地成功试制，因龙井茶效益高，炒制龙井的"星火"燃遍了茶乡，后因新昌有 1 500 多年悠久历史的江南第一大佛，新昌人将大佛教与名茶融合取名大佛龙井。

大佛龙井是新昌茶叶的主导品牌。外形扁平光滑，肥壮挺直，色泽嫩绿，匀净（图 2.4）；汤色杏绿明亮（图 2.5）；栗香馥郁；滋味醇厚甘爽。典型的品质特征为"杏绿汤、蜜栗香"。

图 2.4 大佛龙井

图 2.5 大佛龙井茶汤

制作工艺

一般乌牛早、龙井 43、鸠坑、新昌本地群体种等都可以制作大佛龙井。大佛龙井的采摘讲究匀整，特级茶的采摘标准是完整的一芽一叶初展，芽长于叶，芽叶全长 2～2.5 厘米，不采蒂头和鱼叶。

基本制作工艺为：鲜叶摊放—青锅—摊晾回潮—辉锅。

（一）手工工艺

1. 鲜叶摊放

采回的鲜叶应在竹匾或竹簟上进行摊放（图 2.6），以室内自然摊放为主，规模茶厂采用摊青槽摊青（图 2.7）。摊放厚度视天气、鲜叶老嫩程度而定，二级及以上（芽叶长度不超过 3.5 厘米）鲜叶原料摊叶厚度控制在 3 厘米以内；三级、四级（芽叶长度 3.5～4.5 厘米）鲜叶原料一般控制在 4～5 厘米，一般摊放 6～12 小时。摊放过程中轻翻 1～2 次，使鲜叶水分均匀散失，摊放程度以叶质变软，叶色变为暗绿，青香显露，青草气退去，含水率降至（70±2）% 为宜。

图 2.6　竹簟上自然摊放　　　　图 2.7　摊青槽摊青

2. 手工青锅

当锅温达 100～120 ℃ 时，涂抹少许茶油于锅内，投叶100～200 克，投叶量根据手的大小和鲜叶老嫩度而定，鲜叶投入时有"噼啪"爆声，开始以抓、抖手法为主，散失一定的水分后，逐渐改用搭、压、抖等手法进行初步成型，压力由轻而重，达到理直成条、压扁成型的目的，炒至七八成干时即起锅，历时12～15 分钟（图 2.8）。

图 2.8　手工青锅

3. 摊晾回潮

杀青后，放于阴凉处进行摊晾回潮，可适当并堆。摊晾后筛去茶末、簸去碎片，历时 40～60 分钟。

4. 手工辉锅

辉锅温度一般 60～70 ℃，辉锅投叶量一般根据手的大小和习惯而定，通常是三锅青锅叶合为一锅进行辉锅，叶量150～250 克。手部压力逐步加重，主要采用抓、扣、磨、压、推等手法，其要领是手不离茶，茶不离锅，炒至茸毛脱落，扁平光滑，茶香透出，折之即断，干茶含水率 6.5% 以下，历时15～20 分钟（图 2.9）。

图 2.9　手工辉锅

5. 干茶分筛

用筛子把茶叶分筛。簸去黄片，筛去茶末，使成品大小均匀。

6. 挺长头

把筛出的大一点的茶叶再一次放入锅中，将其挺直。

7. 归堆

将经过筛分后的各级筛号茶按同级筛号归堆。

8. 收灰

茶叶放在专用储存缸或其他容器中，按茶叶与生石灰之比为5∶1的比例储放，时间以10～15天为宜，中间定期更换生石灰。茶叶与生石灰不能直接接触，之间用纸或白布隔开。现在一般将茶叶贮藏在专用冷库中，温度以5℃以下为宜。

（二）机械工艺

1. 机械青锅

采用长板式扁形茶炒制机（图2.10），青锅温度在200～220℃，投入150～200克鲜叶，鲜叶投入锅中有"噼啪"响声，锅温应从高到低，第一阶段锅温从摊青叶入锅到茶叶萎软，一般在1～1.5分钟；第二阶段是茶叶成形初期，温度比第一阶段低20～30℃，时间一般1.5～2分钟至茶叶基本成条、相互之间不粘连；第三阶段温度一般控制在200℃左右，此时是做扁的重要时段，一般恒温炒制。当芽叶初具扁平、挺直、软润、色绿一致、茶叶含水率降至28%左右时，即可出叶下锅。全程炒制时间5～6分钟。下机后摊晾回潮30分钟左右。

2. 机械二青

采用长板式扁形茶炒制机（图2.10），温度为160～180℃，投入青锅叶150～250克。锅温从高到低并视茶叶干燥程度及时调整，待芽叶呈扁平、挺直、坚硬、色绿一致，茶叶含水率降至15%～20%，即可出叶下锅。

在当前龙井茶生产过程中，机械加工选择使用十台到几十台组合而成的小型流水线，自动下叶、自动出料，大大提升了茶叶加工效率。

图 2.10　机械炒青

3. 辉锅提香

采用滚筒型名优茶辉干机（图 2.11），温度 80～100 ℃，掌握低—高—低的温度辉制原则。投叶量 4～5 千克，历时 15～30 分钟，至茶叶形状扁平光滑挺直，茶叶手磨成粉即可。

图 2.11　滚筒型辉锅机

生产上，可根据鲜叶原料档次、生产规模、机具条件和加工人员等条件，科学组配不同加工机械及其相应的机手组合加工模式。机手组合加工通常用于高档鲜叶的加工，即机械青锅与手工辉锅（或前半段机械辉锅组合后半段手工辉锅）相结合。

二、天姥红茶

"天姥红"是新昌茶叶区域公用品牌之一，2014年获准注册。天姥红茶为全发酵茶，鲜叶经萎凋、揉捻、发酵、干燥等基本工序制成。成茶外形锋苗紧细（图2.12），乌褐油润，香气鲜嫩甜香，滋味甘爽醇厚，汤色橙红明亮（图2.13），深受广大消费者的喜爱。

图 2.12　天姥红茶

图 2.13　天姥红茶茶汤

制作工艺

新昌茶树品种一般均可制作天姥红茶，持嫩性好、叶色浅的茶树品种较适宜。

加工工艺：萎凋—揉捻—发酵—干燥（初烘、复烘）。

1. 萎凋

一般采用室内萎凋、日光萎凋和萎凋槽萎凋。

室内萎凋：要求卫生清洁、空气流通、避免直射光、无异味和粉尘，室内温度一般在20～25℃，相对湿度60%～70%。可在摊叶架上萎凋，也可摊放在竹匾或竹簟上，厚度一般在3～8厘米，嫩叶薄摊，老叶厚摊，雨水叶和露水叶薄摊，每隔2～3小时轻柔翻抖1次。

日光萎凋：对茶叶香气的形成具有积极影响，一般气温25℃时较好。日光萎凋也可结合室内萎凋，在弱光下先萎凋0.5～1小时，约半小时翻动1次，多检查，使其萎凋均匀，再及时收回到室内自然萎凋，至萎凋适度为止。

萎凋槽萎凋：将鲜叶摊放于萎凋槽内，厚度15～20厘米，嫩叶薄摊，老叶厚摊，雨水叶和露水叶薄摊，厚度均匀。鼓风机气流温度25～35℃。风量大小根据叶层厚度和鲜叶老嫩程度适当调节。鼓风1小时后停止1～2小时再送风，中间轻柔翻抖1次，翻抖时，停止鼓风。投叶前半小时停止鼓热风，气温在25℃以上，不必加温，鼓自然风即可。

鲜叶萎凋后含水量一般为58%～62%，春茶略低，夏秋茶略高，以叶面失去光泽，叶色暗绿，叶形萎缩、叶质柔软、折梗不断、紧握成团，松手可缓慢松散，青草气减退，散发清香为宜。

2. 揉捻

可选用40型、45型等中小型揉捻机作业。揉捻加压掌握轻—重—轻的原则，首先在无压状态揉捻10～15分钟，再轻压揉10～15分钟，松压5分钟，再轻压揉10分钟，中压揉10～15分钟，最后松压揉5分钟左右。全程揉捻约1小时左右。以茶条紧卷，茶汁流出但不流失，黏附于茶条表面为揉捻适度。揉捻后用解块机解块。

3. 发酵

发酵一般控制环境温度25℃，叶温尽量不超30℃，相对湿度在90%以上，摊叶厚度8～12厘米，嫩叶薄摊，老叶厚摊，厚薄均匀，视实际情况而定，中间可适当采取喷雾或洒水等措施来增湿，温度高时中间可翻一次。发酵时间一般 3～5 小时，至发酵叶叶色变为浅红黄色（图 2.14），青草气消失，呈现清香或花果香为适度。

图 2.14　红茶发酵，叶色变浅红黄色

4. 干燥

（1）初烘：初烘温度控制 100～110℃，薄摊、快速，摊叶厚度 2～3 厘米，时间 10～12 分钟，烘至约八成干，条索收紧，有刺手感。初烘后，将茶叶及时均匀薄摊于竹垫、竹匾或专用摊晾设备中，厚度一般 2～3 厘米，时间 1～2 小时。

（2）复烘：采用小型连续烘干机或烘焙机等进行，温度 80～90℃，摊叶厚度 3～5 厘米，时间 0.5～1 小时。采用烘笼烘焙，温度 70～80℃，厚摊、慢烘，摊叶厚度 3～5 厘米，每隔半小时翻 1 次，时间 1.5～2 小时。复烘至茶叶含水率 5% 以下，用手指捻茶条成粉末为宜。烘干结束摊晾至室温，再包装储藏。

三、天姥云雾

新昌天姥云雾是卷曲类名优绿茶，外形匀曲，色泽绿润（图2.15），汤色清亮（图2.16），香高持久，鲜爽甘醇，回味甘甜。天姥云雾多次荣获浙江省农业博览会金奖，被中国茶叶博物馆列为馆藏茶样。"天姥云雾"区域公用品牌是继"大佛龙井""天姥红"之后的又一张新昌茶叶金名片。

图 2.15　天姥云雾　　　　　　图 2.16　天姥云雾茶汤

制作工艺

天姥云雾采摘期一般在谷雨之后，本地茶树品种均适宜制作天姥云雾，以一芽一叶至一芽二叶高山茶鲜叶为原料，要求鲜叶新鲜、匀整、干净。

制作工艺主要有：鲜叶摊放—杀青—揉捻—初烘—做形（炒小锅、炒大锅）—复烘—足烘。

1. 鲜叶摊放

以自然摊放为主，在整洁、阴凉、干燥、通风处摊晾，避免阳光直射，约2厘米厚度摊放在竹筐上，摊放时间6～12小时，至青叶柔软，清香显露，鲜叶含水量至70%左右为宜。

2. 杀青

采用滚筒杀青机，型号 40 或 80，温度升到 240℃以上投叶，杀青时间掌握在 1.5 分钟左右，投叶量为 40 型杀青机产量 50～80 千克/小时，80 型杀青机产量为 180～220 千克/小时。至青草气散失，茶香显露，手捏不粘、折梗不断，有触手感，即可出锅。整体要求杀得匀、杀得透。杀青结束后，迅速摊晾，至茶叶回软。

3. 揉捻

使用茶叶揉捻机，投入散热后的杀青叶，压力掌握"轻一重一轻"原则，整体以轻压为主，揉捻 15～20 分钟，以揉捻至成条率 85%～95%，茶汁略有溢出为宜。揉捻后进行解块。

4. 初烘

采用链式自动烘干机，温度 110～130℃，初烘应"高温、快速、摊薄、排湿"，保持叶色翠绿，至初烘叶稍有扎手感时出叶，手紧握成团松手即散。含水率 35%～40%。初烘叶及时摊凉。

5. 做形

（1）炒小锅：摊凉至回软后，在曲毫炒干机上进行初步做形，锅温 80～100℃，投叶 3～4 千克，至茶叶细嫩部分呈卷曲形，含水率 15%～18%，时间约 1 小时。或用 84 型珠茶炒干机，8～10 千克/锅。小锅后的茶叶及时摊凉，将同级别的茶叶拼在一起。

（2）炒大锅：用 50 型双锅曲毫炒干机，4～5 千克/锅，或84 型珠茶炒干机，12～15 千克/锅，锅温 60～80℃，先低后高，炒制时间 30～40 分钟，至茶叶卷曲成盘花状，含水率 8%～10%出锅（图 2.17）。

图 2.17　天姥云雾做形

6. 复烘

采用热风烘干机，风温 90～100℃，摊叶厚度 2～3 厘米，每隔 5 分钟左右翻动 1 次，直至含水量在 7.5% 以下。初烘后摊凉 12 小时左右进行足烘。

7. 足烘

采用热风烘干机，风温 80～90℃，摊叶厚度 2～3 厘米，烘至含水率在 4.5% 以下。

足烘后对茶叶进行筛分、风选、拣剔并按等级拼配。

新昌是中国名茶之乡，曾先后被评为"全国茶叶产业发展示范县""全国十大生态产茶县""中国茶业十大转型升级示范县""2019 中国茶业百强县"和"2019 中国茶旅融合十强示范县"等荣誉称号。2021 年大佛龙井品牌价值达 47.74 亿元，已连续 11 年入选全国品牌价值十强，天姥云雾和天姥红茶产品也多次荣获国家金奖。

一杯好茶，万事新昌！茶业作为新昌农业的支柱产业和传统产业，将在十四五期间，乘数字改革的东风，借创新服务的动力，爬坡过坎，进一步推动新昌茶业转型升级，持续促进新昌茶产业高质量发展，合力共建共同富裕示范区贡献新昌力量。

第二节　明清时期的贡品——小京生

"麻屋子，红帐子，里面住着一对白胖子。"一首儿歌唤起的是每一个新昌人心底最温暖的回忆。新昌花生（小京生），俗称小红毛、落花生，浙江省新昌县特产，是新昌县农产品的一张金名片，中国国家地理标志产品。新昌花生（小京生）于清朝末年从北京引进，民国初期，就驰名于国内外。其果形颗粒细长、条直、匀称、美观；果尖呈鸡嘴形；果壳表面麻眼浅而光滑，壳薄而松脆，呈金黄色；果仁香中带甜，油而不腻，松脆爽口，色香味俱佳（图2.18）。

图 2.18　小京生

新昌小京生以品质优、历史悠久而著称，虽然种植规模不大，但小而精，优而异，特而独，是新昌最具地方特色的传统特产和农产品品牌。被列为国家原产地保护品种；是浙江省著名农产品区域品牌，被评为2005年浙江省著名商标；是消费者公认的优质农产品，被评为浙江省农业名牌产品；是优良的花生品种资源，被列入浙江省农林牧渔业名特优品种资源；是新昌农业的历史遗产，有"明清贡品"的传说。

品牌屡屡获得浙江农业博览会金奖，小京生炒制技艺也于2012年7月被浙江省人民政府公布为第四批浙江省非物质文化遗产代表性名录，是地方旅游产品和指定茶食产品。

产地环境

新昌小京生种植面积分布全县12个乡镇街道，以中部海拔250～500米玄武岩台地种植的小京生品质最佳，包括大市聚、回山、孟家塘、遁山台地，传统以大市聚西山、茅坪一带产地为最正宗。20世纪90年代以来，由于种植结构单调、台地土地资源的限制和轮作种植因素的制约，种植基地向周边其他乡镇扩展，目前以羽林街道、儒岙镇、沙溪镇和沃州镇（图2.19）种植面积较多，占全县种植面积的50%。全县年种植面积稳定在25 000～27 000亩，年平均产量4 000～4 500吨。

图2.19　沃洲镇小京生种植基地

新昌花生（小京生）主要种植在浙江省绍兴市新昌县玄武岩

风化发育的低台地上，主要土壤为红黏土、棕泥土。玄武岩台地由于新构造运动的差别上升，形成了不同海拔高程的玄武岩台地，台地与台地，台地与低丘陵之间不相连。台地边缘坡度峻陡，形成了特殊的台地气候。在其他条件适宜时，白天日照足、温度高，能增强光合作用，有利于作物有机物的形成和积累。夜间温度低可减少有机物质的呼吸消耗，有利于提高花生的品质。

历史渊源

新昌花生（小京生）种植历史较久，品质特佳。据考证，新昌花生（小京生）于小京生大概从明末清初引入种植，清乾隆时期被列入贡品，上世纪初期驰名于国内和港澳地区，种植历史已近400年。

产品荣誉

2016年，新昌县出台了《2016年小京生花生产业发展扶持政策实施细则》，县财政每年统筹安排资金200万元，用于小京生花生的品种提纯及科研攻关、规模化种植、实用技术示范推广、标准化加工厂建设等方面的补助。

1984年，新昌小京生花生参加全省农副产品展销会，在花生品种中被评为质量最优。

1998年，被评为浙江省优质农产品金奖。

1999年，既被认定为浙江农业名牌产品，又获中国国际农业博览会名牌产品之称号。

2003年，被评为浙江农业博览会金奖。

2005年，"新昌小京生"商标分别被评为浙江省和绍兴市著名商标。

2006年，评为浙江省十大地理标志区域品牌。

2007年，被评为浙江省农业名牌产品，并获得浙江省无公害农产品认证。

2008 年，获得浙江省农产品品牌创新先锋。同年，中国国家标准化管理委员会发布《地理标志产品——新昌花生（小京生）》国家标准（GB/T 19693—2008），对新昌花生实施原产地保护。

2020 年 5 月 20 日，入选 2020 年第一批全国名特优新农产品名录。

新昌小京生被农业农村部农村社会事业发展中心评为 2020 年全国乡村特色产品。

新昌小京生炒制方法

以当年收获、洗净并晒干的新昌花生（小京生）为原料，不得有陈年花生和其他品种花生掺入（图 2.20，图 2.21）。

图 2.20　当年收获的小京生　　　　图 2.21　洗净晒干的小京生

一直在新昌民间传承的传统的新昌小京生炒制技艺是这样的，先从水极清的江河里淘足米粒般大小的细沙，晒干后备用；炒制小京生时，先把锅烧热，再放进晒干后的清水沙，把细沙炒热至微烫手，再把晒干的生的花生倒进炒热的沙里，用铁铲从锅的中心向两边反复翻炒，尽量让花生不碰到锅面，用热沙的温度把小京生炒熟，炒制小京生至八成熟了，就可以出锅等待冷却，冷却后，即可食（图 2.22）。在新昌县农村也有用盐拌花生在锅里炒的方法。而在以前，每当过节前夕，或者家里要办喜事或招待客人，女主人一般都会用传统的技艺炒花生，款待客人。

图 2.22　传统的小京生炒制

现在新昌有很多专门加工小京生的厂家，因为小京生销量大，一般都是用机器炒了。原料筛选—烘干—冷却—分级—包装。小京生加工应控制好温度和时间，火候从文火与中火之间—旺火—文火。生产加工中的卫生要求应符合 GB—14881 的要求。

小京生除了炒制以外，还有很多加工方法，有水煮嫩花生、油炸花生米（图 2.23），盐焗花生米（图 2.24）或者腌制嫩花生，都是极好的下酒佐料，很有新昌地方特色。

图 2.23　油炸小京生花生米

图 2.24　真空包装的盐焗小京生花生米

经测定，小京生果仁，含蛋白质 27%，脂肪 48%，营养价值比鸡蛋、牛奶还高。农村有句顺口溜：常吃小京生，胜过滋补品；吃了小京生，天天不想荤。此外小京生能悦脾和胃，润肺化痰，滋补调气；经常食用对动脉粥样化和冠心病有一定的预防和治疗作用，还能提高青少年的记忆力，并具有延年益寿之功效，故有"长生果"之美称。在明清时期是贡品级花生，民国初期就驰名于国内，如今更是深受新昌人民喜爱的美食，也是大家年节时必备佳品。

在新昌有这样的习俗，结婚新娘家必须要准备的东西有红枣、花生、桂圆和瓜子，也摆在男方家里的新房床上，结婚宴上的喜糖里，寓意为"早生贵子"。花生中必须有染成红色的，而且要用生的，意为新家庭红红火火、枝繁叶茂，男男女女多多生养（图 2.25）。

图 2.25　喜糖里的红花生

2021 年新昌县对"新昌小京生"农产品地理标志进行申报。"新昌小京生"农产品地理标志申请成功后将能够有效地保护优质特色产品和促进特色行业的发展，大大提升大足新昌小京生的附加值，推动当地经济的发展，朝着品质更优、品牌更响、市场更大、效益更优、层次更高的方向迈进！

第三节　清溪谁舞斑斓衣——新昌石斑鱼

本君真名光唇鱼，老饕盘中心头爱。最爱深山老林里，水清流急河溪中。

鲜嫩低脂高蛋白，美容护肤榜有名。营养丰富肉细嫩，产妇食用最适宜。

光唇鱼属鲤形目，鲤科，鲃亚科，光唇鱼属。俗称：石斑鱼、罗丝鱼。体细长，侧扁，头后背部稍隆起，腹部圆而呈浅弧形。头中等大，侧扁，前端略尖。石斑鱼生活在清澈的溪流中，以刨食附生在石头上的藻类、苔藓等为食，主要分布在我国南方山区。

石斑鱼是新昌县的土著鱼种，30多年前，在新昌江、澄潭江、黄泽江的上游支流中随处可见。在溪流中摸石斑鱼，是很多新昌人的儿时记忆（图2.26）。

图 2.26　野生石斑鱼生长环境

清道夫

石斑鱼自然条件下喜食生长在石块上的苔藓及藻类，在净化水质方面有着较大作用，是河道生态修复及资源修复的重要品种（图 2.27）。

图 2.27　石斑鱼

石斑鱼脂肪含量低，肌肉蛋白质含量高。含有多种氨基酸，其中必需氨基酸 8 种，风味氨基酸 4 种，还有 22 种脂肪酸。

石斑鱼成鱼体长 15～20 厘米，体侧有数条垂直条纹，形似溪石纹，体色鲜艳，具有较高的观赏价值，石斑鱼肉质细嫩，味道鲜美，颇受消费者青睐（图 2.28）。

图 2.28　餐桌上的石斑鱼

新昌县自 2007 年开始发展石斑鱼产业，率先突破石斑鱼苗种繁育和人工养殖技术，经过十多年发展形成年产鱼种 4 000 多万尾，商品鱼 200 多吨，成为国内最大的石斑鱼产业基地（图 2.29）。

图 2.29　养殖的石斑鱼

新昌石斑鱼主要养殖企业主要分布在澄潭街道、七星街道、羽林街道、沃洲镇、小将镇、儒岙镇、东茗乡、城南乡（图 2.30）。

图 2.30　石斑鱼养殖基地

第四节　开启粉色甜味夏日——新昌水蜜桃

新昌水蜜桃，皮薄恰似婴儿肌，果肉嫩如豆腐脑。汁水充沛甜如蜜，一口清甜除烦恼。新昌县沙溪镇是有名的水蜜桃产地。这里群山怀抱，泗水环绕，所植桃树大都位于海拔 400 米以上的高山之上，长年云雾缭绕（图 2.31）。

图 2.31　新昌沙溪水蜜桃种植基地

鲜美滋色，"桃"人喜爱。

当地独特的沙质土壤和适宜的温湿度，使每一枚水蜜桃都能接受阳光和雨露的滋润。其所产的水蜜桃果形美，营养高，色泽鲜，皮韧易剥，香气浓郁，汁多味甜，入口即化。一口沙溪水蜜桃，仿佛能感受到记忆最深处的甜蜜（图 2.32，图 2.33）。

图 2.32　采摘下来的水蜜桃

图 2.33　包装好的水蜜桃

主要种植品种

新昌现有水蜜桃种植面积已达 25 000 亩，年产量达 19 000 吨。种植品种多样，现主要种植品种有湖景蜜露、白丽、新川中岛、锦绣黄桃等。

湖景蜜露：江苏品种，平均果重 165 克，成熟时间一般在 7 月中下旬。果皮底色乳黄色，果面着玫瑰红霞。果肉乳白色，肉质致密，纤维中多，风味甜，有香气。

白丽：日本品种，平均果重 220 克，晚熟品种，成熟时间一般在 8 月上中旬，果皮乳白，表面有红晕，肉质细，有香气。

新川中岛：日本品种，圆形略扁，整齐度好，果个大小中等，平均果重 188 克，成熟时间一般在 8 月初成熟，风味甜，其最大的优点是肉质致密，耐储性好。

锦绣黄桃：上海品种，平均果重 180 克，成熟时间一般在 8 月上中旬至 9 月上旬。果皮底色金黄色，近核处微带红色，肉质厚，成熟后柔软多汁，味甜微酸，香气浓。

新昌水蜜桃主要种植基地在沙溪镇，南明街道、七星街道、沃洲镇、小将镇、儒岙镇、东茗乡、城南乡均有种植。

第五节　夏日故乡独有的甜——回山西瓜

　　七月盛夏，烈日炎炎想念家乡格外鲜甜的西瓜了吗？每到七月中旬，回山的马路边、大枫树下，瓜农便摆起了西瓜摊（图2.34），浓厚的回山腔吆喝起了卖西瓜，"回山西瓜，回山西瓜，又红又甜，买起买起！"，一筐筐的竹篓装满了黑皮西瓜，切开一个，红瓤黑籽，鲜甜的汁水散发着特有的回山西瓜味。

　　在地上铺一张毯子或麻袋，整齐地摆上早上新摘的西瓜，一台电子秤、一张小凳子，一把大蒲扇，这熟悉的场景，是否勾起了儿时的美好回忆？

图2.34　路边的西瓜摊

回山西瓜主要品种

浙蜜2号：浙蜜2号单果重5～7.5千克，果形圆形，西瓜口味爽口甘甜，果体汁多西瓜皮较厚，便于运输。

浙蜜5号：浙蜜5号单果重5～7.5千克，果形圆形，西瓜口味甜，甜度大于浙蜜2号，西瓜皮薄，果体汁多品质佳。

清晨的回山，烟雾缭绕，低低的天空，仿佛手一伸就能碰到蓝天和白云，连接着碧绿的西瓜地。高海拔、长日照、大温差、肥土地造就了回山西瓜特有的脆甜。

瓜农带着买瓜的人到地里挑瓜，还带着露珠的西瓜，格外的鲜甜，一份夏日最甜的美味串联了两份满足的心情（图2.35）。

图2.35　西瓜地

井水西瓜里的夏日记忆

小时候，住在乡下。新鲜摘下的西瓜都会放进清凉的井里浸泡。在这个天然冰箱里冰镇出来的西瓜最是清凉鲜甜。吃上一口，就除去一天的燥热。这，才是夏天应有的模样。

回山人对西瓜有着特有的感情和骄傲。在回山镇，不仅随处可见西瓜地、西瓜景观标志物，还建有专门的西瓜公园（图2.36）。

图 2.36 回山镇西瓜公园

新昌人说起夏天，就会说到回山西瓜。回山西瓜是回山最响亮的招牌，更是所有新昌人夏天最甜的记忆。寻遍千山，不如回山。吃遍万千西瓜，不如回山西瓜（图 2.37）。

图 2.37 回山西瓜

第六节　水中甜人参——回山茭白

"越女天下白，鉴湖五月凉"，回山有一位面容姣好的"越女"，李白和杜甫都对她称赞有加、念念不忘。这就是——回山茭白（图 2.38）。

图 2.38　回山茭白

对于中国人来说，衡量女孩子漂亮的共同认可的标准就是白。早在几千年前，杜甫在《壮游》中就提出"越女天下白，鉴湖五月凉"，越女即绍兴的女孩子，回山茭白，十分白嫩，如同越女雪白的肌肤，赏心悦目。回山茭白，八月上市，口感甘美，鲜嫩爽口，是绍兴名牌和浙江名牌，在众多吃货心中有着不可替代的地位（图 2.39）。而且，它作为一种高品质高山蔬菜，连续两年获省农博会金奖，2008 年获省农业特色优势产业，远销宁波、杭州、江苏、上海等地，深受各地市民的喜爱。

图 2.39　八月的回山茭白

茭白在新昌有 8 000 余亩的种植面积，其中大部分种植在回山，是回山两大农业支柱产业之一。近年来，随着回山茭白种植技术的成熟和市场销售网络的完善，经济效益持续上升，回山茭白已成为致富山区农民的绿色产业。

在回山，大片的茭白田随处可见。放眼望去，地连着地，水连着水，阡陌连着阡陌。一支支收上来，剥开绿色的叶茎，就露出白胖的内质（图 2.40）。

图 2.40　茭白田

"碧波千层春雨足，清幽十里茭白香"，这是回山人的夏天。

回山地处高山台地，气候湿润、昼夜温差大，在这秀气灵动的高山深处，孕育出的茭白匀称白嫩、口感鲜美略甜、品质优异，是有"水中人参"之称的蔬菜精品（图2.41）。

图2.41　蔬菜精品回山茭白

回山茭白可以做成各色美食，但最适合回山茭白的还是清蒸和油焖。回山茭白鲜嫩略甜，清蒸可以最大程度保留它的鲜嫩清爽口感，再蘸点酱油，就十分完美了。

新昌天姥唐诗宴中有一名菜——越女天下白，就是回山茭白清蒸蘸酱油吃。口感鲜嫩清爽，还略带甘甜。

药用价值

除了口感甘美，鲜嫩爽口，茭白还具有很强的药用功效。

茭白含有碳水化合物、蛋白质、维生素B1、维生素B2、维生素C及多种矿物质。中医上认为茭白性味甘冷，有解热毒、防渴、利尿和催乳功效。

传闻武则天产后少乳，大便秘结，口腔溃疡，但她畏吃苦药，当时一位对食疗造诣很深的学者孟洗献上了一张食疗处方，茭白泥鳅豆腐羹加醋调服，竟奏奇效。

第七节 "薯我最棒"——迷你小番薯

一场秋雨一场寒，秋风冷雨中，让人怀念起烤番薯的味道。烤箱里还没完全熟，蜜汁就在冒泡了。满屋飘香，蜜油透出皮四处溢出来。没有防备，口水已经悄悄流下。

烤熟之后，薄薄的一层皮，轻易就能揭开，揭开后就能看见金灿灿的果肉晶莹发亮。轻轻揭开外面那层薄薄的红皮，热腾腾的香气立马就冲散了南方的湿冷。撒上几颗糖渍桂花，简直是一场视觉、味觉和嗅觉的三重盛宴（图 2.42）。

图 2.42　迷你小番薯的三重奏

用小勺子挖上一勺送入口中，温暖香甜、软糯细腻的味道，瞬间填满口腔，让人真正的尝到什么是入口即化。

番薯种类繁多，红心黄心，粉的甜的，大个小个，尤其是那红皮黄心的，小巧的个头，软糯细腻，一口咬下去绵软香甜。

2006年，东茗乡从省农科院引进迷你小番薯。小番薯个头小巧，红皮黄心，口感软糯细腻，甘甜可口。

刚刚挖出土的小番薯外表微微带着泥，就像一支支刚刚从土里挖出来的红皮"小人参"，轻轻掰开，水汪汪的果肉泛着一股淡淡的甜香，可以直接生吃，深受广大消费者的喜爱！

东茗乡拥有得天独厚的地理环境，冬暖夏凉，拥有充足的光照、充沛的雨量，加上远离工业污染，土壤纯净，连病虫害也极为罕见，生产过程中更是不使用任何农药，如此种出来的小番薯自然分外香甜，品质优异，口感绝佳，独一无二（图2.43）。

图2.43　刚出炉的烤番薯

为了防止机械破坏迷你小番薯的完整性，当地的农户们一直坚持人工收割，轻挖、轻放、轻装，以防止小番薯被碰伤（图2.44）。

图 2.44　迷你小番薯

第八节　秋天里的乡愁——牛心柿

"丰收时节"还记得家乡十月枝头红色的柿子吗？那是种带着阳光和秋味的香甜。秋色染黄了树叶，染红了柿子。让人怀念起家乡又大又甜的牛心柿（图 2.45）。黄中透红的色泽，皮薄肉实的果肉，还有甘甜的汁水，散发着秋天的香味。

图 2.45　十月柿子红

　　大市聚（现沃洲镇）是新昌有名的柿子镇，全镇 30 个行政村，家家有柿子，村村有柿树，古称大柿聚，因柿与市同音，后来为了书写方便，改成了大市聚。

　　大市聚遍布红壤，阳光充足，生长出的牛心柿，个头大、色泽好、口感甘甜，皮薄肉实汁水多。一到秋天，大市聚便处处弥漫着柿子的味道，树梢上挂满了柿子，一个个都被秋天的暖阳煮得熟透了，恍若一个个红灯笼，是一美味，更是一美景（图 2.46）。

图 2.46　挂满树梢的柿子

　　在大市聚举办的柿子节，不仅有柿子采摘体验游，还有"宜居宜业东部美镇"绘画摄影作品展示与采风活动，吸引来了大批游客和绘画摄影爱好者（图 2.47）。柿子树的欢腾热烈，衬得天空格外蓝，冷峻的心情也跟着燃烧喧腾起来。

图 2.47　柿子节活动

　　新鲜采下的柿子，一个个饱满圆润，果瓤里满满的汁水，比蜂蜜还甜，那让人打战的甜蜜唤醒一场舌尖的诱惑，每一口都让人想起吹过树梢的秋风，满足、凉爽，带着丰收的喜悦（图2.48）。

图 2.48　甜蜜的诱惑

当新鲜的柿子碰上秋日的暖阳，水分被蒸发，阳光的味道被揉进果肉里，甜美有嚼劲的美味体验等您开启。柿饼上撒着一层白霜，糖分被浓缩锁在果肉里，果肉也变得细韧有嚼劲（图2.49）。秋天，故乡一树树的柿子红了。在外的游子，愿您每个"柿候"，"柿柿"如意，岁岁平安。

图 2.49　裹着白霜的柿饼

第九节 秋冬养生有"膏"招——新昌白术膏

新昌县位于浙江省东南部,这里气候温和湿润,四季分明,种植白术具有得天独厚的条件。

白术是著名中药"浙八味"之一。明、清时期列为贡品,享有"道地药材""南术北参"之美称。新昌白术,又名浙术、越州术、也称烟山术、回山术等,种植历史悠久,以干燥根茎入药,皮微褐,肉纯白,以"田鸡形"为佳,气清香,味甘苦(图2.50)。

图 2.50 白术

白术富含多种药用成分和营养物质,古人颇为重视。在清朝慈禧太后常服的补益方里,就有名为"白术膏饮"。

新昌有很多传统中医药单位洞察现代人亚健康状态,结合中医"治未病"理念,沿用古法熬制白术膏(图2.51)。

图 2.51　古法熬制的白术膏

　　想要制作优质的白术膏，不仅要选择优质上好的道地药材，熬膏工艺也是一个复杂且烦琐的过程。

　　白术采挖回来后，为便于保存，通过熄的方式对其进行干燥，也叫熄术。熄术应严格掌握熄的火候、习性、所加工熄术质地坚硬，表皮色深，断面略呈角质样，有裂隙，常被称为上品。

　　熬制前先将烘晒切片好的白术沉水浸泡 4 个小时。后用火层层煎煮，密炼精华。用细密的纱布为网，将煎煮完毕的白术过滤。

　　用铜锅秘调收膏，搅拌至汁液浓缩至黏稠后，加入冰糖，继续搅拌至膏体沸腾出现鱼眼泡，"挂旗"的状态下收膏，确保每一滴膏体都做到滴水成珠（图 2.52）。

　　白术膏经过"千锤百炼"，浓缩了原料中的精华，更容易被人体吸收，白术膏具有健脾益气、利水化湿、止汗、安胎的功效，深受广大人民喜爱（图 2.53，图 2.54）。

图 2.52　白术膏挂旗

图 2.53　制作好的白术膏

图 2.54　包装成品的白术膏

第十节　来自大山深处的馈赠——香榧

香榧，别名中国榧，俗称妃子树。为红豆杉目、红豆杉科、榧树属常绿乔木，中国原产树种，是世界上稀有的经济树种，主要生长在中国南方较为湿润的地区，生于海拔 1 400 米以下，温暖多雨，黄壤、红壤、黄褐土地区（图 2.55）。

图 2.55　开花的香榧树

香榧树极具观赏价值，是很好的景观树种，而随着年龄的增长，香榧作为木材的价值也愈发提高，成为高档原木家具、艺术品制作的优质木材。因为香榧的成熟周期长，所以有了"千年香榧三代果"的说法，就是说一棵树上既有花又有果，而且三代的果实同时结在树上，很是神奇（图 2.56）。

图 2.56　结果的香榧树

苏东坡也曾吟诗赞美："彼美玉山果，粲为金盘玉。""驱除三彭虫，已我心腹疾。"

香榧的果实为坚果，营养价值极高。干果称"香榧子"，为著名的干果，橄榄形，果壳较硬，内有黑色果衣包裹淡黄色果肉，可食用，营养丰富。香榧种仁经炒制后食用，香酥可口，是营养丰富的上等干果（图 2.57）。

图 2.57　炒制后的香榧

新昌县小将镇，平均海拔 500 米，温和湿润的山地小气候，以及生物种群的多样性，具有香榧生存和繁衍得天独厚的环境条件（图 2.58）。

图 2.58　小将镇的香榧种植基地

在这样的环境中产出的香榧，果实壳薄、仁满、质脆、味香，让人食而难忘。为保持香榧的原味和营养，香榧在加工过程中除基本的调味品以外不添加其他物质。原料好再加炒得好，香榧才能做到品质优良。不仅如此，香榧果营养丰富，风味香醇，具有保健、药用价值和综合开发利用价值。

香榧松脆香甜，清香浓郁，并富含多种有益于人体健康的营养物质和矿质元素，老少皆宜，好吃无负担。

第十一节　美味只在"笋"间——七十二变之笋

百变千味，鲜美总是它，炎热的夏天，让人贪恋清凉的竹林，尤其是小将镇大片的竹海，在夏日里卷起阵阵的翠浪波涛，带来一夏的清凉（图 2.59）。千里竹海出百里好笋，新昌的笋产量十分

高，每到春冬就是鲜笋占据各户餐桌的时候。等到夏天，勤劳的
新昌人民又做成各色笋制品。

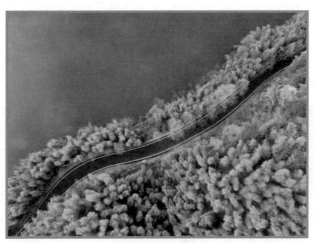

图 2.59　小将竹海

七十二变之咸笋：新昌的笋产量高，每年吃不完的鲜笋就被
制成咸笋，方便储存（图 2.60）。

图 2.60　咸笋

七十二变之咸笋头：新昌传统做法中，还通过将鲜笋煮成咸笋头保存，将吃不完的笋切成块儿，放上盐，用慢火连夜炖，捂出一锅咸头笋。吃的时候，直接装上一盘，便是难得的美味。

七十二变之笋干丝：切成细细的丝，晒暖暖的阳光，残留的山间水分，将阳光的鲜味，细细地揉了进去。笋干丝可以煮汤、煮面、炖肉，笋干丝榨面鲜美无比（图2.61）。

图 2.61　笋干丝

七十二变之油焖笋罐头：脆嫩肉质厚的笋吸饱了浓浓的汤汁，把所有的美味锁在了小小的罐头里。一开盖香浓四溢，咬一口厚实的口感，醇厚的味道瞬间征服人们的味蕾。

七十二变之四季笋：春——雷笋（2—4月）雷笋又名早竹、雷公竹，春笋市场上最早上市的笋种，出笋早、产量高、笋期长、笋味美（图2.62）。

春——鳗笋（5月上市）鳗笋顶端状似河鳗尾巴，保鲜时间短，色泽黄白、笋肉紧致（图2.63）。

图 2.62 早竹笋

图 2.63 鳗笋

春——毛笋（4—6月）笋体肥大、洁白如玉，肉质鲜嫩、美味爽口，炒、煮、焖、煨皆成佳肴。

夏——鞭笋（6—9月）鞭笋又称鞭梢、笋梢、边笋，笋形细长，状如马鞭，味道鲜美，产量极低（图 2.64）。

图 2.64　鞭笋

秋——方竹笋（8—10月）形呈四方有棱有角，其笋不发于春而茂于秋（图 2.65）。

冬——段笋（12月至翌年1月）冬笋，就是新昌话中的"段笋"，即冬季尚未出土的毛竹笋，由毛竹的地下茎侧芽发育而成的笋芽。因尚未出土，笋尖肉质柔嫩，清脆爽口，适合与肉片一起炒（图 2.66）。

图 2.65　方竹笋

图 2.66　段笋

天姥乡味

| 第三章 |

石城风味

第一节　浓浓阳光味，片片见真情——番薯片（干）

红薯在新昌种植已久，新昌人习惯叫番薯。新昌人制作番薯干也相当有年份，老一辈基本上通晓其做法。番薯含有丰富的糖、纤维素和多种维生素，口感与香味俱佳，长期食用有益身心。

每到秋季，农村里挨家挨户都会下田采收番薯，等天气好时，便会拿出储存的番薯制作小点心。制作番薯干的工艺有很多，有塌成饼状晒干炒制的，也有切成条状晒干后直接吃的。

制作工艺

1. 番薯糕干

将存放后的番薯清水洗净，去皮，放在大铁锅里烧熟。烧熟的番薯，用一根特制的木棒将它捣成番薯泥。

做番薯糕干是有模具的，长方形，用木头制成，下面有一个手把。做番薯糕干之前，要在模具上摊上一块布，然后把番薯泥挑到模具上，再用刀把它抹平，撒上一些芝麻。而后，把它摊到铺有稻草的有孔的大团背上，番薯糕干做好以后，放在阳光下晒干（图3.1）。

图3.1　用模具塌好后的番薯糕干

晒干后将它剪成方块状，放入混有沙子的锅里炒制后便可食用（图 3.2）。

图 3.2　炒好后可食用的番薯糕干

2. 红参薯干

红参薯干（图 3.3）以优质红心番薯为原料，精心制作烘干而成，形似红参，色泽透亮，软硬适中，香甜可口，回味绵延，风味独特。

图 3.3　红参薯干

相比番薯糕干的制作工艺，红参薯干的制作相对简单。把风干的番薯分批放到蒸笼里，先用大火蒸，再用小火慢慢炖。等蒸煮好、冷却后，再将番薯用刀切成一小块一小块。将切好的番薯块放在准备好的干净竹篾上，扛到朝阳的地方均匀地摆好。过两三天待水分稍干，翻转，再过六七天，干了，便可储藏起来慢慢吃。

第二节　小时候的美好回忆——空心蛋卷

蛋卷是新昌最传统的美食，对于蛋卷，每个新昌人的记忆都是清晰的。每每年前，新昌乡村里的每家每户都要自己做蛋卷，以便在正月里招待客人。蛋卷香酥甜脆，口感特佳，营养丰富，老少皆宜，自己吃或招待客人都很不错。农村里办喜事，蛋卷是用得很普遍的，给客人带回去的回礼中一定有蛋卷（图3.4），蛋卷圆圆的，寓意圆圆满满。

图 3.4　蛋卷

蛋卷的发明不是为了美味，而是为了填饱肚子，在旧时代，穷苦人家为了填肚子，挖野菜、草根来吃，但这些东西比较难吃，为了填肚子，于是就想出了个好办法，就是将鸡蛋和野菜、草根放在一起煮，但鸡蛋不是常有，所以就将煮好的鸡蛋、野菜、草根烘干，卷成形，留着慢慢再吃，这就形成了蛋卷的始祖！

随着人们生活水平的不断提高，蛋卷口味也是与时俱进。新昌蛋卷制作选用上等面粉，加入色拉油、白糖、鸡蛋、芝麻和水调成较稀的面糊，点起炉火，把特制的蛋卷钳放在火上烤热，放进一调羹的面糊，将蛋卷钳夹紧，放在炭火上烘烤，揭开蛋卷钳，将压好、烤熟的薄饼卷成手指粗细的蛋卷即可（图3.5，图3.6）。

图 3.5　蛋卷制作（一）

图 3.6　蛋卷制作（二）

第三节　那一抹青色，那一缕乡愁——米鸭蛋

米鸭蛋是新昌沙溪的一种传统小吃，从明清时期传承至今已有几百年的历史，由于色青、形椭圆、内陷多为蛋黄色松花粉、貌似青壳鸭蛋而得名（图3.7）。

米鸭蛋一般在立夏前后制作食用，蛋馅子按个人食性而定，可甜也可咸，最特别的是拌了糖的松花粉馅。勤劳的沙溪百姓在春季松花开时上山采摘花穗，收集花粉，再将其晒干，除去杂质再保存。据《本草纲目》记载，松花粉有润心肺、益气、除风止血的作用，而且沙溪的米鸭蛋面中掺入了艾叶，即使多吃几只也不会积食伤身。

图 3.7　米鸭蛋

　　立夏吃米鸭蛋，有祈祷夏季平安、吉祥、如意之意。起初村民们多为自制自食，后因米鸭蛋味美且富营养，受到了广大群众的喜爱，现已开启网络及线下实体店售卖模式（图 3.8）。

图 3.8　未包装的米鸭蛋

制作工艺

要想做好米鸭蛋，必须要用到艾青或黄花叶青，艾青是增色，黄花叶青则增加面皮的韧性，这样吃起来更有嚼劲。

制作米鸭蛋时，将糯米粉和焯过水的青叶均匀搅拌，根据粉团的干湿度，分次加水，将青叶完全搅碎与米粉融合。相较于机械制作，在石臼里捣制的粉团更加光滑上劲，颜色也更均匀一些。在制作馅料时，500 克松花粉配 750 克糖。一边加入开水，一边用筷子不停搅拌，直至松花粉与糖调成微湿的泥土颗粒状。这样的馅料包起来方便，等蒸熟后，糖融化开来，就能跟松花粉融到一起，吃的时候馅料不会侧漏。

最后将粉团揉成长条形，摘成一个个小孩拳头大小的剂子，揉圆，按扁，捏成底厚边薄中间下凹的面皮，舀两勺松花粉馅，再像做包子一样将边收拢，揉成椭圆的鸭蛋形状，一个米鸭蛋半成品就做好了。内含咸味馅料的米鸭蛋，其制作方法跟松花粉馅的一样，只是换成炒好放凉的咸菜炒肉丝、笋丝等馅料即可（图 3.9）。

图 3.9　米鸭蛋制作

2018 年 10 月，米鸭蛋制作技艺被列入第七批新昌县非物质文化遗产代表性项目名录。

第四节　油锅里翻腾的金色年味——麦蟹

正月里，大伙儿纵享闲暇时光。惬意慵懒的阳光下，一条凳子，一把竹椅，一杯茶，一盒品种多样、口味丰富的小食，一坐便是一个上午。走亲访友时，主人家也总会拿出许多年货来招待，除了瓜子、自炒的小京生等，麦蟹也是许多人家必不可少的一道年味小吃。

麦蟹，用新昌方言也叫"麦哈"，许是因为其由面粉做成，成型后多数像蟹，故得其名。一口"蟹脚"下去，嘎嘣脆，咸咸酥酥，满嘴生香，此等美味，想必尝过的人都难以忘怀（图 3.10）。

图 3.10　麦蟹

制作工艺

花样的麦蟹，制作起来倒并不复杂。首先要将面粉、小苏打、水等揉成面团，可根据个人喜好加入鸡蛋等，揉面劲道必须足够大，揉好的面团不能太软，也不能太硬，以确保炸出更好的口感。

之后的擀面则是个巧活，要擀成一块一块厚薄适宜的皮子，切成 10 厘米左右的正方形。将正方形的皮子对折，用剪刀按对角线对称地剪几刀，头上留个小三角形做麦蟹头，一只麦蟹就初具雏形了。当然，除了传统"蟹"的形状，还可以剪出各式各样的花样。

剪好的麦蟹粘上麦蟹头，就可以放入油锅之中炸，炸这一步至关重要（图 3.11）。炸的过程，需要拿着长竹筷，不停地夹、翻每一只麦蟹。麦蟹进油锅里没几分钟，就会由软变硬，由瘦变胖，由白变黄，从油底浮到油面，不断翻腾，惹人喜爱。

图 3.11　麦蟹制作

炸的火候很有讲究，火大火小都会影响炸出的口感；炸的时间也需要拿捏，时间不够，会导致韧性太足而松脆不够，时间太久又容易炸成焦煳状；只有适时捞起的麦蟹，才能恰到好处，松松脆脆。待麦蟹完全凉却之后，掰一根塞进嘴里，不禁满口麦香，酥脆得令人回味无穷。

金灿灿的麦蟹蕴含着满满的年味，家人聚在一起制作麦蟹其乐融融的过程更是让人感到温馨。现如今，尽管各式各样包装精美的零食铺天盖地，但家的味道、童年的记忆是任何机器加工生产的美味无法取代的。

小小的面皮在巧手之下，出落得精致美味，不仅承载了味蕾上的感官刺激，也是不少在外新昌游子舌尖上的乡愁，更是许多人灵魂深处对年味的温暖牵挂。

第五节　香飘四方，滴滴好味道——新昌果子烧

源于古代

一座天姥山，半部《全唐诗》，李白一首《梦游天姥吟留别》，使天姥山成为中国文人向往的文化名山，吸引了无数文人雅士来新昌访名山、踏古道、品美酒、觅仙境，大家在这里以文会友、以酒怡情，"新昌果子烧"应运而生（图3.12）。

图 3.12　新昌果子烧产品

起于近代

良好的生态环境造就了新昌丰富的水果品类和优质的水果品质，水蜜桃、蓝莓、猕猴桃、西瓜等应有尽有且屡获省级精品果蔬大赛金奖。在当地还有一个传统，每到水果高产的季节，那些"身怀绝技"的老百姓们总是喜欢采一些鲜果酿成佳酿（俗称"果子烧"），以备招待亲友之用（图 3.13）。

图 3.13　古法酿造

兴于现代

近年来，随着乡村振兴战略深入实施、科技兴农和品牌强农战略深入推进，新昌的水果产业不断壮大，"果子烧"加工工艺也得到了空前的提升。截至 2020 年底，领取生产许可证的小酒厂，在新昌就有 17 家之多，以葡萄烧、杨梅烧、猕猴桃烧、蓝莓烧等为代表的水果蒸馏酒年产达 100 多吨，年产值超 5 000 万元。2020 年7 月，新昌县果子烧产业农合联的成立，标志着该县蒸馏酒（果子烧）产业已初步形成集原料供应、生产加工、运营销售为一体的集团经营格局（图 3.14）。

图 3.14　现代工厂化生产

　　尽管，这些加工企业生产规模不大，有许多甚至形同小作坊，但因为产品不含任何添加剂，在"小而美"大行其道的今天，反而深得消费者喜爱。

制作工艺

　　"新昌果子烧"的制作原料都是新昌本地生产的鲜果、野果及植物根茎，采用蒸馏酒制作工艺加工制作而成，是将水果发酵而成的酒精溶液，利用酒精的沸点（78.5℃）和水的沸点（100℃）不同，将原发酵液加热至两者沸点之间，就可从中收集到高浓度的酒精和芳香成分。新昌的水果蒸馏酒的制造过程一般包括原材料（水果）的精选、清洗、晾干、粉碎、发酵、蒸馏、调配及陈酿等9个过程（图3.15），这类水果酒因经过蒸馏提纯，故酒精含量较高。

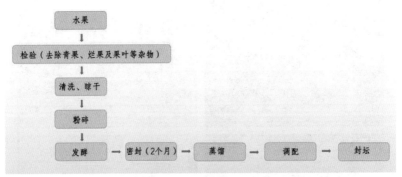

图 3.15　新昌水果蒸馏酒（果子烧）制作工艺流程

第六节　"黏黏"不忘、难以割舍的乡情——麻糍

又到一年清明时，没有滴滴答答的阴雨连绵，莺飞草长，春笋露尖，满山开遍映山红，迎接我们扫墓的是大好的暖阳。

还记得幼时，一到清明就提前一周回乡，跟着奶奶起个大早去捣麻糍，捣到一半摘一块塞嘴巴里，即便黏糊糊的粘了一嘴，仍然非常地享受。麻糍，该是大多数新昌人的乡愁，菜场天天有，却捣不出心里那纯正的味儿。

这抹乡愁，在每年万物复苏、气候渐暖的清明时节，才得以缓解。

新昌方言中的麻糍更偏向于"麻薯"的读音，捣麻糍俗称"当麻薯"（图3.16）。清明做麻糍，过年做年糕，是新昌民间流传至今的风俗习惯。

图 3.16　捣麻糍

民间有"清明拿麻糍，见人头分麻糍"的说法。过去，清明祭扫太公坟时有分麻糍的习惯，轮到做祭主的必须预先做好准备，待祭祀后，墓裔为示亲睦，在坟坛前当场分发麻糍，一人一块，大家高兴地领了回去，故有此说。

新昌县志载："宗族的太公坟，扫墓人多……祭扫会餐后，分胙肉和麻糍。"新中国成立后，清明分麻糍的习惯已属少见，可是清明节做麻糍却更为普遍了。

老一辈人还有一个广为流传的说法，清明节对于已故的人就像在世的人过年一样隆重，麻糍这样的美食平时不常有，清明节捣麻糍是为了体现在世的人大方友好，也是为了让已故的人可以丰盛体面地过大节。

在新昌还有清明送麻糍的习惯。新县志中有"乡下有些男家给女家送三年清明麻糍，以示家底殷实"的记载。女儿出嫁后，男方要给女方家连送上几年的麻糍，以表热情大方，而女家父母又得向男家回送清明麻糍。据说这是预祝小两口结成夫妻，日子能过得糯滋滋、甜丝丝。

除了送麻糍，平时家里的大日子也会捣麻糍，如房屋搬迁，亲朋好友来家里做客等，主人家都会提前准备好糯米，增添饭桌上的滋味。

现如今，人们基本都只在清明节捣麻糍，远在他乡的人们也只有在清明节回乡才能吃上一口正宗的麻糍（图 3.17）。在咬下麻糍的那一瞬间，这抹淡淡的乡愁，便随风而去，飘散在故乡上空。

图 3.17　新昌麻糍

传统手艺

捣麻糍这门传统手艺，祖祖辈辈一直流传至今。制作麻糍的过程与做年糕基本相似。只不过用糯米做的叫麻糍，大米做的称年糕。

1. 前期准备

前一晚，将糯米（约 5 千克为一臼的量）浸在木桶里（图 3.18，图 3.19），次日一早就可以放在大锅上蒸。蒸糯米的木蒸笼底下垫的木板带有一条条长缝隙，方便蒸汽从木桶底冒上来；放蒸笼的锅也是村里特有的大锅，锅底用的是木头烧的柴火，比煤气灶最大档的火旺得多，也只有这样的柴火才能在 1 小时内蒸熟一整笼的糯米。

图 3.18　木桶

图 3.19　一臼浸米

2. 蒸糯米

蒸糯米的过程不需要盖盖子，要让蒸汽从笼底通过糯米一直窜到空气中，否则糯米湿度太大就无法达到理想的效果。白蒙蒙的蒸汽萦绕在蒸笼上空，屋内米香醇厚。

3. 入臼捶打

待糯米蒸熟，倒入空地上的石臼里，用石杵进行上百次的捶打方可成麻糍。捶打是两人有条不紊配合的过程，一人蹲在石臼边不停地翻动米团（图 3.20），以保证捶打能够均匀，另一人有节奏地挥舞石杵（图 3.21）。看似轻松潇洒，实则极耗体力，平时不常干活的人捣完麻糍，就像跑了一场马拉松，所以，捣麻糍基本需要 2 ～ 3 人轮流。

4. 白麻糍

捣到差不多时，有些人家会摘一半下来，放到撒了番薯粉的面板上（图 3.22），用擀面杖擀成 1 厘米左右的厚度（图 3.23），待到冷却后用菜刀切成正方形的一块块，便是最常见的白麻糍，白麻糍洁白如雪，柔软如绵，光滑细腻，不粘牙，口感浓厚纯正。

图 3.20　翻动米团

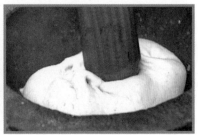
图 3.21　捶打米团

图 3.22　放到撒了番薯粉的面板上

图 3.23　用擀面杖擀成 1 厘米左右的厚度

5. 常见口味

一般情况下，2 种口味的麻糍广受大众喜爱，一种是豇豆馅的甜味麻糍（图 3.24），一种是素菜肉馅的咸味麻糍（图 3.25）。

图 3.24　甜麻糍

图 3.25　咸麻糍

剩下的另一半，加入蒸熟的艾青，接着捣，至艾青与糯米完全融合，呈青色米团状，便是香味独特的青麻糍了（图 3.26）。

图 3.26　青麻糍

新昌沙溪方向，人们习惯将松花粉撒上后擀，裹入提前炒制好的红糖芝麻馅儿或者咸菜肉馅儿，做成一个个圆润可爱的青团，民间称为米鸭蛋（图 3.27）。

图 3.27　米鸭蛋

松树在清明节期间刚好开花，采摘花穗，晒干抖落下的花粉便是松花粉。松花粉呈淡淡的黄色，将其裹在青麻糍外面，黄绿的搭配显得一个个青团尤为喜人。咬一口青团，柔绵 Q 弹，夹着一股松花粉和艾草的清香，那是一种久违的、熟悉的清明记忆。

第七节　"糟"了，这鸡也太香了——新昌香糟鸡

香糟鸡，是绍兴地区一道流传千年的传统名菜，它传承着绍兴酒乡独特的文化与习俗，同样也是新昌人餐桌上必不可少的一道佳肴，浓香四溢、醇和甘美（图3.28）。

图3.28　新昌香糟鸡

或许是小时候广播里时常听见"好吃忘不了"的那句香糟鸡广告，新昌人对香糟鸡总有一种莫名的亲切感。

香糟鸡要想做得好，酒糟是关键。酒和酒糟具有去腥、提鲜、增香的功效，用于烹调历史悠久。远在秦汉以前，酒和糟就已在膳食中作调味增香之用。绍兴地区谷物酿酒起源较早，糟制食品也最为著名。经过历代传承和创新，绍兴人还制成了专门用于糟制食品的"陈酿香糟""香糟卤"，为绍兴著名特产。新昌香糟鸡选用的是上好香糟卤，糟味柔软绵长、飘香四溢。

制作工艺

原料要优质、新鲜，做香糟鸡要用放养 1 年以上的肉鸡，圈养的嫩鸡肉质、口味则逊色很多。

煮制要掌握好火候，过生过熟都对口感影响很大。

卤制前需将原材料进行解冻清洗（图 3.29），再进行高温杀菌（图 3.30），之后进行煮制（图 3.31）。

卤制主要为产品添加底味，卤制的温度、时间、配料配比都决定着产品的风味（图 3.32）。

卤制后就是最重要的糟制，经过数天的糟制，香糟卤最终赋予产品独特的香糟风味。

图 3.29　解冻清洗

图 3.30　高温杀菌

图 3.31　煮制

图 3.32　卤制

从加工程度看，食品加工程度越深，食物营养成分的破坏及有害物质的添加和产生就越多，而香糟鸡属简单加工产品，不用其他增香、调味、调色的添加剂，只有香糟和原料的原色、原香、原味。

有酒的清香，却无酒的霸道，新昌的香糟鸡以鲜为主，咸中带微甜，卤香带酒熏，咬一口味道醇厚，层次分明，越嚼越香，好吃到嗍手指！

丝丝入味的鸡肉，醉人心脾的酒香，新昌香糟鸡不管是开袋直接吃，还是加热食用，都是一道绝佳风味（图3.33）。新昌春江食品有限公司生产的"春江"牌香糟鸡还曾多次荣获浙江省农业博览会金奖、杭州市民最喜爱的十大品牌农产品，是休闲旅游、佐餐下酒、宴请送礼之佳品。

图 3.33　新昌香糟鸡

第八节　新年里的第一碗茶——新昌米海茶

米海茶，是新昌人的年味和漂泊在外游子们的乡愁。它不仅传递着美味，还传递着节日的问候和新春的吉祥。在新昌人的记忆中，正月里走亲访友，最少不了的就是那一碗米海茶（图3.34）。

图 3.34　米海茶

在物资相对匮乏的年代，每当正月里有亲朋好友来家中拜年，家中大人们总会抓一撮焦香的米海放进碗里，再加进白糖和金橘饼，冲入开水后端到客人手上。

制作工艺

米海茶的制作并不难，将糯米蒸成糯米饭，然后晒干在石臼中捣成米扁，再晒干。

使用时抓一把米放在锅里炒胖就成了"米海"，完全置凉后装入密闭容器保存。吃的时候抓一把开水冲泡，即成所谓的米海茶。根据个人口味不同，还可以加入白糖，蜂蜜、金橘饼和红枣等（图3.35）。

很多新昌人习惯在过年的时候，喝上一碗甜甜的米海茶，这不仅彰显了新昌独特的春节文化，也预示着一年的日子甜甜美美。

图 3.35　甜味米海茶

如今，米海茶已经不仅是新昌过年的一种习俗了，还被开发成了便于携带的农特产品，成了随时能吃到的居家食品。随着勤劳的新昌人民不断的钻研创新，米海茶的种类也越来越多，它味道香甜，易解饥渴且老少皆宜，受到了很多人的喜爱。

第九节　百年手工传承老字号——同兴糕点

新昌是著名的产茶大县，茶食与茗宴的形成与发展，可以说是古代吃茶法的延伸和拓展。同兴糕点清代称"茶食"，顾名思义就是配佐饮茶、品茗时食用的糕饼点心之类的食品。

同兴糕点，一家以手工技艺制作的茶食糕点老字号（图 3.36）。

其中同兴月饼已有一百五十多年的历史，选料考究、加工精细、配方独特、质量上乘（图 3.37，图 3.38）。

图 3.36 早期的同兴糕点店铺

图 3.37 同兴月饼

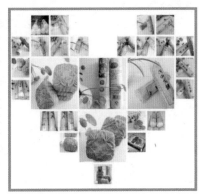

图 3.38 各类手工制作月饼

从创业至今一百多年来，一直坚持以"小拖酥"等工艺手工制作月饼，虽然速度较慢、产量较低，但制作的月饼皮薄、层多、酥松、香脆、口感柔软、质量上乘（图 3.39）。

在许多土生土长的新昌人的童年记忆里，"同兴"老店里排列着的种种传统糕点，曾是儿时最大的诱惑，每每路过，总要驻足片刻，不舍离去，一块甜中带咸的桃酥，一包香甜无比的酥糖

（图 3.40），几个香脆可口的小麻饼（图 3.41）……都成了记忆深处的回味与向往。

图 3.39　同兴师傅正在开展月饼制作教学

图 3.40　小酥糖

图 3.41　小麻饼

随着时代的发展，以烘焙业为主的西式糕点强势入驻，以传统手工制作工艺生产的食品受到了冲击。面对这样的大环境，同兴负责人陈万隆始终遵循祖训，坚持以不变应对千变万化的食品市场。即坚持经营地址不变，经营方式不变，经营产品不变，祖训精神不变，而正是这五代掌门人的不变，才让如今的同兴，多了一份老底子的味道，才让顾客品尝到这百年的同兴味道。

为了适应新时代的需求，陈万隆与企业的糕点师傅一起精心研究茶食手工制作技艺，在祖辈代代相传的技艺基础上，不断推陈出新，改良配方，完善各个生产环节，进一步改良生产工艺，使百年技艺得以传承，同兴品牌得以发展。

虽然历经了历史变革，但同兴依然保持老字号的特色，如芝麻小酥糖、酥京枣、桃酥等传统名点、各式月饼从清代绵延至今，依旧保持了传统的生产配方及工艺流程，直到今天，依然延续着160多年前的老味道（图3.42）。

图 3.42　如今的同兴食品店铺

同兴食品先后荣获绍兴市重点农业龙头企业、绍兴市农业名牌产品、浙江农博会金奖、浙江省知名商号、国家质量卫生安全全面达标食品、绍兴市著名商标、浙江省消费者信得过单位、浙江省农业科技企业等荣誉称号。2006年，同兴食品被商务部认定为中华老字号（图3.43），这五个字是对"同兴"百年基业的肯定。

图 3.43　同兴食品荣获 "中华老字号" 称号

第十节　因为有你，"醋"意更浓——玫瑰米醋

　　"油盐酱醋"在老百姓的日常生活中扮演着极为重要的角色，即使排名最后的"醋"也具有促进食欲的功能，因为醋中含有丰富的有机酸，也有大量的金属元素，它在体内氧化后产生带阳离子的碱性化合物，从而能减少因体液酸化而诱发的动脉硬化、高血脂、高血糖及高尿酸等多种疾病。专家建议普通人每天摄入醋20毫升左右，常年坚持定能健康长寿（图3.44）。

　　在众多醋的品牌里面，新昌人尤爱自家品牌——"天姥春"玫瑰米醋，不仅因好听的名字，而且味道特别的鲜美，不管是蘸饺子还是配面条，这几乎是每个新昌人从小吃到大的味道。

　　"天姥春"是浙江省新昌县天姥食品有限公司的品牌，始创于清代同治元年（1862年），前身为老百姓口碑皆传且享誉省内外乃至江浙长三角地区的新昌酱品厂产品（创立时曾称恒德酱园）。该公司制作的"天姥春"牌玫瑰米醋，传承至今已有上百年历史，产品以拥有色泽鲜艳的玫瑰色而闻名。

图 3.44　生活中离不开的醋

玫瑰米醋（图 3.45）以其独有的地方特色、亲民的价格以及纯正的味道，深受江南一带老百姓的喜欢，早在 1999 年就获得了"中华老字号"称号。

图 3.45　"天姥春"玫瑰米醋

制作工艺

新昌玫瑰米醋至今沿袭着百年来的传统制醋工艺，以优质大米为原料，大致要经历浸泡、洗净、沥干、蒸熟、冷却、搭窝、发花、酿汁回浇、加水、酒精发酵、醋酸发酵，压榨、煎醋、检验、储存、包装、成品等细碎过程，才算大功告成（图 3.46）。

图 3.46　玫瑰米醋制作中

玫瑰米醋特色

新昌玫瑰米醋是利用自然界中的有益微生物，它的生产就受到了季节的极大限制，一般每年生产投料为立夏到芒种，故有玫瑰米醋一年一熟之说，产量有限。几大名醋中只有玫瑰米醋采用特制的液体面发酵工艺，以优质早籼米为原料，经过糖化、发酵、醋花，使这些野生菌所产生的代谢物质形成了玫瑰米醋特有的色、香、味、体态等特征，色泽玫瑰红色而透明，香气纯正，酸味醇和，略带甜味，适用于蘸食和炒菜。

新昌玫瑰米醋的生产与季节和自然界变化关系密切，生产周

期长，并且生产以缸为主（图 3.47），占地面积大，产量难以大幅
度提高。针对此情况，天姥食品有限公司在继承玫瑰米醋传统制
作精华的基础上，结合现代化的生物工程技术，对玫瑰米醋的生
产工艺进行改进，相信玫瑰米醋这一传统地方名特产将会在未来
的市场上更加独具魅力，发扬光大。

图 3.47　玫瑰米醋生产缸

第十一节　唇齿间的清香酥脆——新昌玉米饼

玉米饼制作技艺相传于明末清初，主要分布于新昌县镜岭镇
外婆坑村一带。当时山地主人王员外每年前去收租，穷困的林
氏族人都让族内阿婆烙最拿手的玉米饼招待。锅内煮上南瓜、番
薯，同时将玉米饼烙在锅沿，烙好的饼裹上煮好的菜（图 3.48，
图 3.49）成了林氏族人最盛情的款待。

图 3.48 烙玉米饼

图 3.49 裹菜玉米饼

地处大山深处的外婆坑村，曾是个十足的贫困村。如今，随着乡村旅游的兴起，外婆坑村摇身一变成了远近闻名的"江南民族第一村"，当年村民们用来果腹的玉米饼，也变成了深受游客欢迎的休闲小吃。

外婆坑村土地贫瘠，地势陡峭，玉米就是他们的主要农作物，也是主要的经济来源。而聪明的少数民族姑娘们则把多余的玉米磨成粉，做成了酥脆的玉米饼（图3.50）。

图 3.50 酥脆玉米饼

为了使玉米饼便于携带，保存时间更长，玉米饼从"厚"到"薄"，从"蒸"到"烤"，成了百姓最便捷的美食。如今，经过苗族媳妇改制，玉米饼薄如蝉翼（图3.51），芝麻提香，蕴含浓浓童年记忆，成了游客最爱的外婆味道。

图 3.51 "烤"式玉米饼

制作工艺

先将玉米粒放入石磨里磨成粉（图 3.52），再将玉米粉装进竹篮，放在蒸笼里，用土灶蒸熟。

图 3.52　磨玉米粉

玉米粉蒸好出笼，放在盆里，缓缓倒入烫手的开水，边倒边搅拌。

搅拌均匀后，等到面团不太烫手了，就可以开始揉面团了。无数次的揉搓、摔打，直到手底下的面团变得光滑、柔软有韧劲，面团周围圆润不易开裂，才算是揉到位了。

将面团放在特制的圆形案板上，用擀面杖把面团擀开、压薄，放进锅里烙熟。烙熟后的玉米饼需要放在太阳底下晒干（图 3.53），或者用炭火、烘干机烘干，这是玉米饼成功的关键。

只有把玉米饼烘干至半透明（图 3.54），互相敲击时有清脆的响声时，才能拿去油炸。

图 3.53 晒玉米饼

图 3.54 干玉米饼

经过油炸的玉米饼（图 3.55，图 3.56），迅速升温汽化、增压膨胀，变得酥松多孔，吃起来香脆可口。

制作完成后的玉米饼金黄酥脆、薄如蝉翼，充满了浓郁的玉米香甜气息，口感新鲜松脆，越嚼越香，是游客们非常喜爱的休闲小吃。

图 3.55　油炸玉米饼（一）　　　　图 3.56　油炸玉米饼（二）

如今的玉米饼经过创新改良，除了原味，还开发出了榴莲、香葱、香辣、番茄和海苔（图 3.57）5 种不同口味。

图 3.57　海苔味玉米饼

在 2020 年绍兴市乡村及民宿伴手礼（图 3.58）大赛中，"镜岭味道"系列产品喜获金奖，获奖产品中就包含了玉米饼。

2020 年 10 月 27 日，玉米饼制作技艺被列入新昌县第八批非物质文化遗产名录推荐项目。

图 3.58 "玉米饼"伴手礼

第十二节 方块间的美味，记忆中的故乡——回山豆腐干

回山豆腐干（图 3.59），是儿时回山人最普通的一道美味，吃着嚼劲，闻着醇香。长大后，它是一味乡愁，载着难舍的眷恋和过往，小小的方块，是记忆中的故乡。

图 3.59 回山豆腐干

制作工艺

先将上好的黄豆洗净，用清水浸泡 24 小时，然后用磨磨成浆，滤渣（图 3.60）后备用。将磨好的生豆浆上锅煮好后，再添加大约 1/4 的水，以降低豆浆浓度和减慢凝固速度，减少水分和可溶物的包裹，以利压榨（图 3.61）时水分排出畅通。

图 3.60　滤渣

图 3.61　压榨

浆温降至 80 ～ 90℃，用卤水点浆。点浆时要注意搅拌。当浆出现芝麻大小的颗粒时停点，盖上盖 30 ～ 40 分钟，再一小包一小包的包起来，要包 2 次。

回山豆腐干将白砂糖炒出糖汁来煮豆腐干，使豆腐干呈现出诱人的暗红色，给普通的豆腐干增加了新的内涵和特殊感观。

从一块小小的豆腐干，到一个广受赞誉的口碑，变的是形式，不变的味道。每一块豆腐干，用心做出记忆中的乡愁。

烹饪方法

小炒豆腐干：新昌人情有独钟的一道家常菜。简单的炒制，朴素的点缀。无须众多调料就能香飘四溢。

香干马兰头：鲜嫩的芽头配上富有嚼劲的豆腐干，爽口美味。具有清热利湿、止痢、消炎、解毒等功效。

鲜吃豆腐干：无须任何调料、任何配菜，直接拿个勺子挖着吃，原汁原味，独有一番滋味。

第十三节　古街里的茶点，风雨中的传承——
　　　　澄潭糕干

澄潭糕干（新昌方言，即澄潭香糕）（图 3.62），是新昌一道著名的茶点，也是新昌老一辈人的记忆，闻名于新嵊两地，许多食客特意驱车奔赴澄潭买上几袋糕干，留下自己吃的，还要送给亲朋好友。

图 3.62　澄潭糕干

香糕店的老板是一位 85 岁的老人沈筱鹏，他是澄潭糕干的第三代传人，从 15 岁就开始制作糕干，至今已 70 年。沈老一直坚持传统方法纯手工制作，以保证每一块糕干的口感。糕干的制作过程相当繁复，耗时耗力，每天早上 3 点钟起床开始磨粉筛粉，一直到早上 10 点才能结束一天的工作。

制作工艺

做糕干的粉是由淘过的粳米细细磨成，再用筛子筛匀，调入糖粉。

米粉配好后，需要压实。用手拍打调好的粉，好让原材料互相渗透。压实后的糕干夏天至少要放置 6 小时，冬天则需要 2 ～ 3 天才能上炉蒸（图 3.63）。

图 3.63　风干

最后一步是烘烤（图 3.64）。这也是澄潭糕干能决胜其他糕干的其中非常重要的一环。普通的糕干直接在机器上烘烤熟，但澄潭糕干则是由沈筱鹏老人用精选过的木材烧制的白炭火精心烘焙出的。这样焙制出的糕干黄而不焦、硬而不坚，入口松脆香甜。据说，还有解郁、和中、开胃、健脾等功效。

沈筱鹏制作糕干的手艺经过了几代人上百年的锤炼，已调制出了上百种糕点。2010 年，沈老举办了一场糕点展，展示他这一生所学，参观者络绎不绝，纷纷赞不绝口。沈老制作糕干的手艺甚至还吸引了中央电视台和其他众多媒体前来采访、拍摄、报道。

图 3.64　烘烤

澄潭糕干，是一份美味的茶点，也是一份坚守的传承，然而，这份传承现在却即将凋零。沈老希望能够把这门手艺传承下去，但传统手艺不容易学，每天早起劳作更不容易坚持，加之社会发展带来的机械化生产对于传统工艺的市场排挤，导致后继无人。

这些被几代人坚持，流传了几百年甚至上千年的传统手艺，曾在历史长河中绚烂如花，如今被倾轧在新时代和机械化生产的车轮下，即将消失在视野中，变成未来历史书上的一笔……

如果您对这份传承了几代人的手艺有想法，那就去登一登沈老的门吧。

如果您对那份即将消失的澄潭糕干有心动，就赶紧去尝一尝那份吃一次少一次的美味吧。

参 考 文 献

吕美萍, 2015. 新昌小吃 [M]. 北京：中国农业科学技术出版社.

徐跃龙, 2019. 新昌茶经 [M]. 北京：中国农业科学技术出版社.